大是文化

# 我只是放棄完美工作年薪就提高了

沒有專業技能、沒自信、
又不想那麼努力，
如何找到比現在更好的工作？

IG 追蹤數破 8 萬
暢銷書作家
**小向田路**（Komutaro）／著

黃立萍／譯

「ちゃんとした自分」をあきらめたら、
年収が上がりました。

# Contents

第 2 章

## 到底想做啥？我也不知道……49



第 3 章

## 不擅長努力的我，夠格嗎？……69

第4章

# 走還是留？還是有第三種選擇



第5章

# 什麼是適合？

第6章



第7章

第8章

推薦序一

# 沒有完美選擇，只有把選擇變完美

《完全求職、轉職指南》作者／斜槓 IC – Irene

很榮幸能為這本書寫推薦序。閱讀的過程中，我發現它的職涯觀點與我過去常分享的理念非常契合。作者特別擅長運用反向思考，引導讀者進行自我覺察，釐清內心的糾結。即便我自認擅長轉念，也不禁做了許多筆記。

書中強調「不必強求將喜歡的事與工作結合」，這點尤其打動我。當今社會，許多人迫於壓力追求完美工作，卻忽略了工作的多樣性和彈性。我非常認同工作不一定要與興趣綁在一起，喜好可以是職涯選擇的參考指標，但不該成為唯一標準。給自己更多空間和彈性，才能更靈活應對職涯挑戰。

在我過往的職涯諮詢中，常遇到學員無法清楚描述自己真正重視的價值觀，這是他們在職涯選擇中迷茫的原因之一。**書中運用「找出你願意放棄的東西」來反向引導，讓讀者從不在意的事物中發現自己的核心需求**，這種方法十分巧妙。它簡化了決策過程，讓人更清楚自己真正的職涯目標，對於正在轉職或感到迷惘的人，這非常有效。

我的著作《完全求職、轉職指南》或相關課程中經常提到：「沒有完美選擇，只有把選擇變完美」。這本書也同樣強調「正確的選擇根本不存在」，適合自己才是最重要的抉擇標準。職涯選擇不是追求完美，而是如何在做出的選擇中不斷調整和修正，找到最適合自己的路。

書中更進一步提到「自我行銷的重點」，並搭配可立即應用的表格工具，這點非常實用。這些工具幫助讀者在自我探索的過程中，將自身的優勢與公司需求進行結合，從而發揮自己的獨特價值。這樣的實用性體現了書中不僅分享理念，更將這些理念落實到實際的職場策略中，幫助讀者找到真正能讓自己發揮長處的舞臺。

值得一提的是，本書沒有停留在空泛的職涯哲學上，而是提出具體可操作的方法，來幫助讀者進行思考與選擇。透過練習和案例，逐步帶領讀者從「不擅長」和「消極面」的角度切入，重新審視自己，發掘出那些曾被忽略的潛力與可能性。我認為這樣的切入方式非常新穎，對那些長期感到職涯卡關或徬徨的人來說，應該會帶來不一樣的啟發。

總結來說，**本書非常適合正在尋找職業方向或考慮轉職的夥伴，特別是那些對未來有許多困惑的人**。這本書不僅是職業指南，更是陪伴你反思與探索的良師益友。祝福每一位渴望職涯有所突破的人，都能從這本書中找到屬於自己的答案。

## 推薦序二

# 在不完美中，找到自己的幸福

作家／何則文

《我只是放棄完美工作，年薪就提高了》這本書，猶如一股和煦的春風，輕柔的拂過我們心靈的每一個角落。它的文字不帶鋒芒，卻深具力量，緩緩將我們從自我設限的泥淖中拉出，帶領我們步入一片更為開闊的天地。作者用她溫暖的筆觸，撥開了生活與工作中那層層疊疊的迷霧，**讓我們看見了「不完美」的美好，也體會到在這樣的選擇裡，藏著真正的自由與力量。**

每個人在成長過程中，多少都背負著「完美」這個重擔。我們常以為，只要達到某種「完美」的標準，無論是工作上的業績、生活中的角色扮演，甚至是內心的自我認知，都能獲得掌聲與成就。然而，作者卻用自己的經歷告訴我們，追求完美不僅是徒勞的，更是將我們牢牢禁錮在一個狹小的框架中，使我們逐漸失去對生活的熱愛和對自己的認同。

這本書的獨特之處在於，它並不只是簡單的傳授職場技巧，或是給出一些操作性的建議，而是從一個更為根本的層面，帶領我們重新審視內心，思考「完美」的真正意義。當我們放下過度沉重的完美枷鎖，開始以更真實的面貌面對自己時，原來束縛我們的那些不安與恐懼，便會逐漸消散。我們將能夠看見更寬廣的可能性，並且在這種放鬆與接納的狀態中，發現生活原來可以如此輕盈和自由。

作者用真實動人的故事講述，她如何從一名在職場上不斷感到挫敗與無力的普通員工，逐漸走向一條自我探索的道路。她的經歷不是一帆風順，甚至可以說充滿了各種失敗與迷茫。然而，正是在這些挫折與困惑中，她開始意識到，人生的價值並不在於成為一個完美的人，而是學會如何在不完美中找到平衡與滿足。這種深刻的領悟，無異於一盞明燈，照亮了我們每一個曾在生活中感到無助的時刻。

正如書中所述，放棄完美並不代表我們要降低對自己的要求，而是要學會接納自己的不足，並在不足中發現成長的契機。我們不必再苦尋他人眼中的標準，也不必再擔心自己無法達到某種外在的期望，因為最值得珍視的，是我們自己內心的那份真實。作者用溫柔的文字告訴我們：放下對完美的執著，並不是一種退縮，而是一種更高層次的進步。我們將不再為那些無法達成的目標感到痛苦，而是學會在生活的每個瞬間，珍惜當下、欣賞自己。

這本書的文字，恰如春日裡的細雨，輕輕灑落，滋潤著我們內心最柔軟的地方。它讓我們明白，那些曾困住我們的焦慮與不安，往往源自我們對自己的過度苛求。作者用她的經歷提醒我們，當我們放下那些無謂的執著，開始專注於自己真正想要的生活時，幸福與成功便會隨之而來。而這種成功，不僅僅是年薪的提升，更是對自我價值的肯定與生活態度的轉變。

每個在職場中感到迷失、焦慮或是無法滿足於現狀的人，都能在這本書中找到共鳴與慰藉。書中的每一個故事、每一段經歷，都像是一面鏡子，讓我們在其中看見自己。那種職場上的壓力與不安，那種對未來的迷茫與無助，無不在作者的字裡行間流露無遺。然而，當我們跟隨她的腳步，學會放下對完美的執著，並勇敢面對自己的內心時，我們便能夠在這樣的過程中，找到屬於自己的答案。

這不僅僅是一本關於職場成功的指南，更像是一趟心靈的療癒之旅。透過作者的經歷，我們能夠學會如何在不完美中成長、如何在失敗中找到方向，最終擁抱一個更為真實、更為豐盈的自己。如果你曾經在工作中感到迷失，或者曾經被「完美」的壓力壓得喘不過氣，那麼這本書會如同一雙溫暖的手，輕輕扶起你，帶你走向心靈的平靜與自由。它提醒我們：人生的美好，不在於我們能夠達到多少完美的標準，而在於我們如何在不完美中，依然找到屬於自己的幸福。

推薦序三

# 給在職場掙扎者的心靈指南

「人資小週末」創辦人／盧世安

面對職場的壓力與困惑時，我們往往會發現自己不知不覺陷入了「完美主義」的陷阱。身為一名職涯輔導顧問，我經常遇到這樣的案例：個案或多或少因為過度追求完美，導致自己身心俱疲，最終不僅工作表現未達預期，連自我評價也大幅下滑。

能夠優先讀到《我只是放棄完美工作，年薪就提高了》，深感這本書對那些被完美主義困擾的職場人士，有極大的啟發與實用價值。我將本書濃縮成四句話加以演繹，讓大家了解我為什麼認為，這本書應該成為每個在職場中掙扎的人必讀的心靈指南。

## ■接受自己不夠完美，進步更快

這句讓我聯想到許多來我諮詢室的個案，特別是因為職場中的高壓環境而逐漸失去信心的人。完美主義往往讓人失去對工作的熱情，因為我們總是覺得自己做得不夠好，永遠在追逐一個達不到的標準。作者在一開始也陷入這種自我設限中，覺得自己需要達到某種「理想狀態」，才能被職場認可。

在我的職涯輔導中，我會建議個案嘗試「自我接納」（self-acceptance）的練習，這與書中的觀點不謀而合。當個案學會接受自己的不完美時，反而能夠釋放出更多的能量，將精力集中在自己能做好的部分。

## ■高薪與完美無關，適合自己才是關鍵

很多個案在職涯諮詢時，會糾結薪水與工作滿意度之間的矛盾。他們經常認為，只要能夠提升薪水，就能彌補其他方面的不滿。然而，書中點出了

一個核心真理：高薪與完美無關，找到適合自己的工作才是關鍵。這一點也正是我在輔導中經常強調的概念。

作者從一家知名大公司轉職到一家小公司，放棄了原本光鮮的外表，選擇一個更適合自己價值觀與工作風格的職場環境。這不僅讓她工作更愉快，甚至還意外的提高了收入。這讓我想起了生涯調適力（career adaptability）的重要性，當我們能夠根據自己的需求靈活調整職涯方向，往往能夠找到一條更適合自己的路，無論是薪水還是職場滿足感，最終都能夠達到平衡。

## ■ 放下追求完美，發現工作變得更有趣

在諮詢過程中，很多個案告訴我，他們對工作感到倦怠或無趣，常覺得自己被工作壓得喘不過氣。然而，這句話提醒我們，工作變得枯燥無味，往往是因為我們的目光過於狹隘，執著於那些未能達到的完美標準，而忽視了工作的其他樂趣。

這讓我想起一位個案，他曾經在一家科技公司工作，薪水不錯，但他每

天都感到壓力巨大，認為自己無法達到公司的高標準。透過職涯輔導，我幫他找到了工作中自己真正感興趣的部分，並鼓勵他將注意力從追求完美的目標，轉移到工作中的成就感。最終，他不僅重新找到工作的樂趣，還因為專注於自己的強項而獲得晉升。

## ■工作的核心是找到屬於自己的工作節奏

本書提供寶貴的職場心態調適建議，特別是那些陷入完美主義和自我懷疑的人。無論是接受自己不夠完美，還是找到適合自己的工作，書中的觀點都強調一個重要的事實：只有當我們放下不切實際的完美追求，才能真正走向職場的成功與滿足。我在職涯輔導過程中，也時常提醒個案，無論你從事什麼職業，成功的關鍵都不在於是否完美，而是能否找到並堅持自己的工作節奏。當你按照屬於自己的步調前行，不僅能減少焦慮，還能夠提升工作效率與創造力。

身為一名職涯輔導顧問，我會將這本書推薦給每一位尋求工作與生活平衡的現代工作者。它不僅提供了具體的實踐策略，還幫助我們從心理層面重新審視自己與工作的關係。

# 前言
# 放棄「完美」，我的年薪就提高了

「為什麼每天去公司都這麼痛苦？」
「好想逃離現在的環境，可是我好害怕。」
「好想增加收入，可是我沒有技能，該怎麼辦才好？」

從踏入社會的那一刻起，我就一直被這樣的煩惱困擾著。

總覺得自己工作能力不足，既沒有特別的技能，也沒有什麼成就，只能緊緊抓住現在的公司。也許現實社會就是這樣吧，工作不就是需要忍耐嗎？

- 即使勉強自己，也必須持續工作。
- 一定要在穩定的企業工作。
- 必須是正職員工。
- 要做出能得到認可的成績。

我一直認為，如果工作做得不好，至少要成為「完美的自己」。然而，正是這種「一定要做一個符合社會期待的完美人」的想法，讓我工作變得非常痛苦。因為我總是達不到自己的標準，越想做好，反而越焦慮。

初次見面，我叫こむたろ（Komutaro）。現在三十多歲。即使是現在，我依然沒有耐力、無法逼迫自己，能力也十分有限。我重視自己的生活，無法將人生歲月僅僅奉獻給工作。然而，我也不想放棄年收入和成就感。我就是一個這麼任性的人。

應屆畢業進入職場工作的我，是個完全無法勝任工作的糟糕員工。我經常因為被主管罵「為什麼連這種基本的事都做不好？」而偷哭。即使是在學生時代多次轉換的兼職工作，我也總被認為是做不好工作的人。我甚至認真思考過，既然自己在每一個職場上都是如此，會不會根本就不適合工作？

我一共經歷了四次轉職，同時一邊尋找著適合自己的工作方式。如今，那段日子恍如一場大夢，我不再煩惱自己無法勝任工作，也不再感覺每天都心力交瘁，開始能夠舒適愜意的工作了。在第三次轉職進入的那家公司，我的年薪來到七百五十萬日圓[1]。

但在這段期間，我並沒有遵循一般職涯升遷的轉職路線。我曾經好幾年沒有工作，也曾自己接案子在家工作。沒錯。**我放棄追求「某個誰的正確答案」**。換言之，我放棄了成為社會上所謂的完美的自己。

1 編按：約新臺幣一百五十九萬元，全書日圓兌新臺幣匯率，皆以臺灣銀行二〇二四年十一月一日公告均價〇．二一二元為準。

在這本書中，我將與你分享我這個原本不能做好本職工作的人，是如何變得能夠舒適愜意的工作。也會告訴你，**我在失業、一段時間沒有全職工作的情況下，如何能夠換到年收入更高的工作**。

此外，我也試著在書中分享許多練習的建議，以幫助你找到內心想要的工作，以及提高工作滿意度。

對人生感到迷茫的人，若希望不要大幅度的改變自己，又想舒適愜意的工作，究竟該怎麼做才好？我將這些問題的答案，分散在本書的各個角落。

各章內容如下：

- 第1章：我從無法勝任工作、害怕轉職的狀態中踏出第一步的方法。
- 第2章、第3章：在不知道想做什麼、沒有自信、沒有技能的狀態下，我如何實現令自己滿意的轉職。
- 第4章：在選擇困難時，我如何找到自己的答案。

- 第5章：我如何選擇可提高年薪的公司，以及找到適合自己的公司。
- 第6章、第7章：缺乏經驗的人的轉職訣竅。
- 第8章：我現在的工作方式，以及我所認為的未來工作方式。

即使是現在，我對工作的動力也沒有太高。但為了生活，既然「無論如何都得工作」，而且還得耗費一整天絕大多數的時間在工作上，我希望盡可能舒適愜意的度過。我也確實是懷抱著這個想法，走到了今天。

這本書所寫的內容，任何人都能夠做到。

或許有人會想：「說得那麼容易，根本就不可能做到。」如果你覺得不可能，那也沒關係。但讀完這本書後，何不嘗試去思考自己的人生，並做出屬於自己的選擇？

# 第 1 章

# 已進入好公司，依然沒自信

# 01 我連兼職都撐不了三個月

回顧過往，追溯到我成為社會人士之前的大學時代。

高中畢業後，我就讀大學的經濟學系。之所以選擇這所大學和學系，不是因為我對這科系有興趣，而是在考上的大學中，這所學校的偏差值[1]是最高的。

1 譯者按：一種利用所有學生成績分布來計算排名的數值。一般而言，偏差值越高表示排名越前面，偏差值越低則表示排名越後面。

從那時候開始，我總是依照社會的正確答案做出選擇，沒有自己的主見。

至於大學生活，原本參加的社團在幾個月後就淡出了。我蹺課，每週打工四次，其他時間玩樂度日，過著典型「意識低落」[2]的學生生活。

也許你會問我：「至少打工生活非常活躍吧？」

很遺憾，那時候我真心覺得自己什麼工作都做不好。

我嘗試過各種不同的兼職工作，表現最差的就是服務業。在便利商店打工時，因為要記的事太多而經常出錯，連三個月都撐不下去。之後，我開始在居酒屋打工，但因為手臂的力氣小到不行，無法雙手各端著一個盤子，效率極差……。

更糟糕的是，我還曾經不小心把啤酒倒進榻榻米座位的客人的靴子裡。在收銀臺，我明明收了五千日圓的鈔票，卻誤以為是一萬日圓，就這樣把高於實收金額的錢找給客人，造成損失……。

我給人們帶來了許多麻煩，坦白說，當時我真的是個極度無法勝任工作的人。

在大學時代的那幾年，我也沒有經歷過特別大的挑戰或變化。於是，我在完全沒有能讓面試官印象深刻的經歷下，展開了求職活動。

## 我的人生到此結束？

找工作時，我以「無論如何就是想進入穩定的優質企業」為目標。因為依據我腦中的方程式，人生就該「進入優質企業＝似乎可以平靜的生活＆絕對沒錯」。

至於期望的職位，我選擇了「企劃」——因為感覺這個職稱好像很酷、

2 編按：對某事沒有想法。

有創意，而且有一種看起來都是很能幹的人在做的工作印象。

帶著如此淺薄的想法，我的求職過程當然是一場艱鉅的苦戰。

學生時代過得吊兒郎當，就連在人前說話這種小事，我也從來沒有做好過。雖然說，也是有人在找工作時，像變了一個人，積極展現自己，並且拿到錄取通知，但這種事當然沒有發生在我身上。

我雖然事先做了一點自我分析，但那只是為了獲得錄取，並不是真的想了解自己。我一直在想：究竟該如何回答，才能讓公司錄取我？

就這樣，我申請了超過一百家公司，最終願意錄取我的只有一家。滿懷感激的進入這家公司，我的社會人士生活就此展開了。

當時我進入的公司，是所謂的「優質企業」。而且，分配到的部門居然就是我期望的企劃部（其實只是因為沒有其他申請者）。我以為自己達到了進入穩定企業的目標，這是一個非常好的開始。

公司裡性格溫和的人居多。內部採行年功序列型[3]的人事評價制度，所以只要你待得久，薪水就會穩定上漲。

我和同期的同事感情很好，過著一帆風順的社會新鮮人生活，心想再也沒有比這更適合的環境了。

但是，事實和我想的完全不一樣。身處在如此優渥的環境中，我的工作能力卻極差。被旁人說：「因為是新進員工才會這樣吧」的時期早已過去，入職三年依然做不好工作。當時的我，給人的感覺大概就是：

## ■ 速度好慢

工作量明明沒那麼多，不知為何卻經常加班。主管問我：「為什麼這麼常加班？」甚至對我說：「妳以分鐘為單位，把手頭上的工作和花費時間列

3 譯者按：年功序列是日本的一種企業文化，員工都以年資和職位排行來訂定標準化的薪資，通常隨著年資和年齡增加，職位和薪資也會相對的提高。

出來，跟我報告。」

**■品質不好卻硬要標榜獨創性**

舉個例子，主管指示我「試著製作一份給客戶的提案書」。對此，我完全沒有和主管商量，就擅自耗費大量時間完成了一份「漫畫劇本格式的提案書」，讓主管無言以對。

**■自以為是**

對於被指派的工作，我總是稍帶不滿的問：「有必要做嗎？」然後對方往往會回：「少廢話，給我做就對了！」

**■上班時間都在上網**

到職進入第三年，公司組織有了變動，我突然變得無事可做，即使詢問主管，他也沒有特別的任務要交辦給我，因此我一整天都是在上網。

無論從誰的角度觀察，我都是個「無法勝任工作的傢伙」吧！光是一邊回憶、一邊寫下這些過往，就讓我感到羞愧。對於當時的主管，我至今仍心懷歉意。

就是這種感覺，總之我做不好工作，沒有突破這個情況的幹勁，也沒有自信，三個因素結合在一起，讓我每天去公司都感到非常憂鬱。

「既沒有工作能力、也沒有動力，我的人生應該到此結束了吧？」自我否定的情緒無法停止，於是我陷入了黑暗世界。

**作者的領悟**

如果沒有依照自己的想法做選擇，很難有自信。

# 02 好想辭職，卻遲遲不敢行動

既然每天去公司都這麼痛苦，要不要轉職呢……？

可是，就連在這麼優渥的環境裡都做不好工作，真的會有公司願意僱用我這種沒有技能的廢物嗎？就算有，待遇也肯定非常差，或者對方是黑心企業之類的吧。

懷著這樣的情緒查詢轉職相關內容，結果出現了許多扎心的資訊：「你要先在現有環境中拿出成績」、「逃避式的轉職會失敗」……在在讓我深感絕望。轉職，果然是不可能的任務。

以現在的我來說，工作沒得努力，轉職也困難。這下真的走投無路了。我掉進了黑暗世界，每天都無精打采勉強到公司上班。

「那妳就改變心態，努力做好眼前的工作呀！」我似乎可以聽見這樣的聲音。然而，我卻提不起勁、沒有動力。

當時，我在公司的工作情況是「每隔一分鐘就看一次時鐘」，一整天無事可做。就算想跟周圍的人商量該做什麼才好，卻因為部門才剛經歷一次大型組織變動，整個局面十分混亂，我也無從問起。

我不知道該怎麼做才能改變這個情況，每天就只是坐在電腦前，心中充滿了無力感。

「每天都在上網，還可以領薪水？哪有這麼輕鬆的工作環境！」應該有很多人會這麼想吧。

雖然自己也這樣覺得，但當時對我來說，這真的是太痛苦了。

雖說工作很多會感到疲憊，但每天都沒事做、閒得發慌更是一種折磨。

「我太驕縱了嗎？是我有問題吧？」我總是如此責備自己。

「看來，我還是只能轉職、改變環境了吧？」

「可是我沒有信心能在其他地方工作，太可怕了。」

「辭掉這份穩定的工作，我搞不好會後悔。」

「轉職後的工作環境可能會更糟糕，到時候就無法挽回了！」

就這樣，我完全陷入了消極泥沼。

## 什麼都不做更可怕

好想擺脫這種充滿不滿的狀況。我努力振作自己，嘗試到轉職網站上註冊會員，但都無法真的踏出轉職的那一步。

為什麼無法付諸行動？因為當我具體的思考「想做的工作」或「可以發

揮的技能」時，就必須面對自己一無所有、很差勁的事實，這讓我感到恐懼。

但漸漸的，我開始覺得：比起面對無能的自己，逃避現實又持續抱持同樣的不滿和煩惱，這更可怕吧？

自從畢業進入這家公司後，三年來我一直都覺得很痛苦。如果現在不採取行動，我就得抱著「好想離職」的想法繼續工作好幾年，甚至好幾十年。

一想到這，我發現：持續什麼都不做反而更可怕。走到這一步，我終於下定決心採取行動。

為了改變現狀，我鼓起勇氣先做的事是：**在筆記本裡寫下所有的抱怨**。因為我認為，必須先了解自己的真實心聲。

一直以來，我都是把感受拋諸腦後，做出各種選擇。我忽略自己有怎樣的感受，腦中只想著「應該這樣做」。例如：

- 工作之所以辛苦，一定是因為自己的能力太差。

‧以自己的能力來說，我再也進不了這樣的優質企業，所以不能辭職。
‧不拿出一些可以展現的成績，我就沒有資格轉職。

這些想法都是我持續忽視感受，所導致的痛苦狀況。為了解自己的真實心聲，我暫時撇開必須這樣做的心情，試著徹底坦露直率的怨言：

**步驟一**：無論想到什麼，都寫出來（重點：暫時忘記「我是個沒用的人」這種想法）。
**步驟二**：思考自己為什麼對說出的抱怨（步驟一）感到厭惡。
**步驟三**：將抱怨反過來看（重點：透過不滿來了解自己的希望）。
**步驟四**：在抱怨當中，自己無法忍受的事物是什麼？

## 發洩抱怨筆記

**步驟一：無論想到什麼，都寫出來。**

A：感覺不到自己的存在價值，缺乏自信。

B：討厭公司裡那些沒有幹勁的歐吉桑們。

C：每一個決策過程都太花時間。

D：細節規定繁瑣，令人痛苦。

E：過度保守。

F：有一種好像「越是加班的人越了不起」的氣氛。

G：對工作內容一點興趣也沒有。

**步驟二：為什麼討厭步驟一的抱怨？**

A：如果公司破產了，那我就無處可去了。

B：雞蛋裡挑骨頭的會議，讓人感覺毫無建設性。
C：速度太慢了。
D：這不符合我的個性，我也不在乎。
E：無法接受戒慎恐懼、謹慎保守的公司文化。
F：我感覺這個評價方式並不具備實質性。
G：內心完全沒有「想要做什麼」的想法。

**步驟三：將步驟二的抱怨反過來看（怎樣的環境比較好）。**

A：能成為有去處的人。……☑
B：對工作抱持正面態度。……☐
C：能以一定程度的速度推進工作。……☑
D：能一定程度概略的採取行動，同時往前邁進。……☐
E：偏向有挑戰的組織。……☐

F：更願意以工作成果來進行評價的組織。……………………□

G：即使不是特別喜歡，也能處理常接觸的事物或覺得還不錯的事物。☑

**步驟四：自己無法忍受的事物是什麼？**

## 抱怨是有用的

當我在發洩抱怨筆記寫下自己的想法後，對當下環境的不滿情緒便接踵而至。在這些抱怨當中，有些是還算能忍受的輕微不滿，也有些是無論如何都無法再忍受下去的嚴重不滿，程度各有差異。

一邊瀏覽這些，我一邊這麼想：「如果不去處理那些無論如何都無法忍受的抱怨，我心中的迷茫應該無法消除吧？」於是，我決定先從眾多抱怨中，選出無論如何都無法忍受的。這三個分別是：

■ **自己缺乏技能和強項，導致無處可去**

我雖然在企劃部工作三年，卻沒有任何企劃被付諸執行。換言之，我毫無實際成果。萬一公司倒閉，總覺得自己也無法轉職到其他公司。

■ **決策過程耗費時間，完全感受不到工作速度感**

一直在製作公司內部資料，太缺乏推動業務進展的感覺，自己也沒有實際感受到成長……我非常不安。

■ **對公司目前的業務缺乏興趣**

公司做的是系統業務，但我對系統毫無興趣，該怎麼辦？

接著，在瀏覽自己的情緒後，我突然意識到一件事——**抱怨其實是「願**

**望」的投射**。於是我試著將之前的抱怨反過來看：

**【抱怨】**自己缺乏技能和強項，導致無處可去的狀況。

←（反過來）

**【願望】**能夠成為有去處的人才。

**【抱怨】**決策過程耗費時間，感受不到工作速度感。

←（反過來）

**【願望】**在有速度感的環境中工作。

**【抱怨】**對公司目前的業務缺乏興趣。

←（反過來）

**【願望】**參與至少有一點興趣的業務。

就像這樣，抱怨、不滿都出自於「討厭現在的狀態」。換言之，其實裡頭暗藏著「我想在這種環境中工作」的願望：

- 能夠成為有去處的人才。
- 在有速度感的環境中工作。
- 參與至少有一點興趣的業務。

我一直因為找不到應該前進的方向而感到煩惱，但在進公司三年後，終於下定決心：「還是轉職到能實現這三個目標的環境吧！」

抱怨的力量，不容小覷。

**作者的領悟**

**抱怨其實是願望的投射。**

## 心境的轉換

### Before

- 現在的環境很痛苦，但一想到要換工作更害怕。
- 忽略自己的感受，腦中只想著「應該這樣做」。

### After

- 持續抱持同樣的不滿和煩惱，是更可怕的一件事。
- 面對自己的內心，發洩不滿後，我發現自己「想要這樣做」。

# 第 2 章

# 到底想做啥？我也不知道

# 01 喜歡的事與擅長的事

即使下定決心轉職，但我還是不知道自己想做什麼。想做的事該怎麼找才好呢？

一個人左思右想、思索到極限的我，決定在書籍和網路上尋找「找到想做的事」的方法。這時，多次映入我眼簾的是「喜歡的事」與「擅長的事」，也就是最好將「這兩者交集的領域」作為工作，非常簡單明瞭。

（原來如此，首先要考慮「喜歡的事」和「擅長的事」！那我喜歡的事是什麼呢……？）

- 看漫畫。
- 耍廢。
- 吃美食。
- 在咖啡店喝茶。
- 去旅行。

（嗯，這只是興趣吧？再來看看擅長的事好了。欸？擅長的事是什麼？）

以「無法勝任工作的傢伙」這個身分活到現在的我，幾乎沒有被稱讚過，所以我真的不知道自己擅長什麼。

（好困擾喔，擅長的事只能暫時放棄了嗎？喜歡的事倒是有很多，那就從裡頭找找線索好了！）

（我喜歡咖啡店，所以在咖啡店工作？但我不擅長接待客人耶……啊！我喜歡咖啡店的空間，那成為空間設計師如何？嗯，可是我沒有重新學習的熱情。既然如此，和我最愛的漫畫、旅行有關的工作怎麼樣呢？）

如此反覆思考後，我最終得出的結論是，**不想把喜歡的事當成工作**。

因為我發現：關於喜歡的事，其實**自己只是喜歡作為客戶，並不想成為提供者**。就這樣，我越是尋找想做的事，就越是陷入沒有出口的迷宮。

追根究柢，所謂想做的事真的能在「工作」這個領域裡找到嗎？如果我沒有工作的束縛，當然有很多想做的事，我想大睡特睡、想要品嚐美食，也想去旅行。但如果要在工作中尋找的話呢（停止思考）？

## 接受自己沒有想做的事

環顧四周，幾乎沒有人對「想做的工作」有明確的想法。我有個好朋友就實現了她童年以來的夢想，現在是一位時尚設計師。對我來說，她是令人欣羨的稀有動物。從學生時代開始，我就一直希望找到想做的事，卻完全沒有找到。搞不好我一輩子都找不到吧。

雖然我認為只要探尋就能找到，但後來才發現：**想做的事並不是硬想出來的**。我應該早點放棄尋找想做的事，這樣會不會比較好？

在那之前，或許我要先從「肯定現在的自己」開始做起。現在的我所需要的，並不是去找想做的事，而是**接受自己沒有想做的事**這個事實吧。

要是找不到想做的事，就乾脆在找不到的情況下，試著去尋找「感覺不錯」的工作方式吧！我做了這樣的決定。

作者的領悟

不必勉強自己把喜歡的事和工作結合。

# 02 想做的事與能做的事

那麼，沒有想做的事的人，該如何找到感覺不錯的工作？

比起把想做的事當作工作，我決定追求「舒適的工作」。為什麼這樣說？因為我當時的工作環境完全不舒適。

無論是學生時代的打工，或是成為社會人士後的工作，我完全沒有舒適感。每個工作，我都無法勝任，老是被主管責罵，有時還會躲在廁所裡偷哭。

在不適合自己的環境裡做不擅長的工作——就是如此痛苦。我心想，只要擺脫這種狀態，就能比現在更舒適了吧？

## 想工作的環境與能做的事的重疊點

為了擺脫疲憊，找到舒適的工作，我的條件是以下這兩個：

**■在想工作的環境中工作**

越是接近自己價值觀的環境，越不容易讓我產生困惑。

**■獲得別人的認可**

只要獲得認可，就更容易創造自己的棲身之處。

「在想工作的環境中工作」，我已經在上一章看見了理想方向。那麼，該怎麼做才能實現「獲得別人的認可」呢？其實，**與其在根本不擅長的事上花時間訓練，做自己能做的事更容易獲得認可，也不用耗費太多精力**。但是，當時的我以為只有那些有成就或有特殊技能的人才能得到認可。像是：

- 實現銷售額成長一五〇％，獲得公司內部獎勵。
- 具備商務等級的英語能力，擁有資格證書。

然而，這可能是一個天大的誤會。為什麼這麼說？因為成就、技能是自己能做的事帶來的結果。對吧？

**【原因】**做能做的事。

↓

**【結果】**有實際的成果和技能。

換言之，沒有成就和技能的我，也可能有能做的事。就這樣，我決定結合「想工作的環境」與「能做的事」，以找到舒適的工作為目標。

但這個階段的我非常沒有自信，工作上也沒有被讚美過。所以，就算我打算尋找能做的事，卻感到困難重重，這並不是一件容易的事。另一方面，自卑感又像呼吸一般，總是無意間浮現在我的腦海中。

正如我在第一章所說的，當我試著反思自己的抱怨時，就發現其中暗藏著願望。同樣的，從消極面的事、沒自信但還能處理的事、平時就經常做的事中，或許可以找到答案吧？

## 尋找能做的事筆記

尋找能做的事筆記，和發洩抱怨筆記有幾個共通點：

・寫出真實心聲。
・不要過度思考，直接寫出來。
・不要在意內容重複。

## ■找出能做的事和重視的價值觀

寫出讓你感覺自卑或不擅長的事。然後問自己「反過來說呢？」並試著用正向語言表達出來！你會了解自己能做什麼，以及一直很重視的價值觀。

Q1：經常被人提醒的事？
Q2：讓你感到自卑的事？
Q3：容易感到煩躁的事？
Q4：不擅長的事？
Q5：不想做的事？

**〈深入挖掘〉**將Q1至Q5寫下的內容用「反過來說呢？」進行反思。

## ■找出能處理的事和被人讚美的事

將被人讚美的事，或即使不能說是擅長，但自認能夠處理的事寫出來，問自己：「你好像能做什麼呢？」找出能做的事。

Q1：常被人讚美的事？
Q2：能獨立作業的事？
**〈深入挖掘〉**關於Q1、Q2，寫出「也就是說，你好像能做什麼？」

## ■找出「忍不住會花時間做的事」

平時在做的事＝對自己來說舒適愉快的事。舉例來說，如果你分配大量時間在「人」身上，就可能適合經常與人互動的工作。

Q：平時怎麼安排時間？

人：與人溝通。

物：操作機械、工具或製作物品。

資訊：收集、處理知識或資訊。

**〈深入挖掘〉**關於Q，寫出「具體在做什麼？」

## 尋找能做的事筆記

**寫作重點：**

- 這份筆記不會讓別人看，所以要坦率的寫出真實心聲。
- 不要過度思考，直接寫出來。
- 不要在意內容重複。

▼找出能做的事和重視的價值觀。

| | 問題 | 答案 | 反過來說呢？ |
|---|---|---|---|
| Q1 | 經常被人提醒的事？ | ・從小就常被父母說：「反正你根本不聽話」。 | ・獨立思考，並採取行動。 |
| Q2 | 讓你感到自卑的事？ | ・容易厭倦，缺乏續航力。<br>・交友圈狹窄。<br>・怕麻煩。 | ・對新事物有興趣。<br>・重視與人的信賴關係。<br>・找到有效率的做事方法。 |
| Q3 | 容易感到煩躁的事？ | ・強加自己想法給我的人。 | ・不會強加自己的想法給別人。 |
| Q4 | 不擅長的事？ | ・按照手冊操作。<br>・接待客人之類需要留心的工作。 | ・原創。<br>・按照自己的步調思考該做的事。 |
| Q5 | 不想做的事？ | ・例行公事。<br>・整天面對著電腦工作。 | ・能適應變化。<br>・希望與人有更多互動。 |

▼找出能處理的事和被人讚美的事。

| | 問題 | 答案 | 也就是說，你好像能做什麼？ |
|---|---|---|---|
| Q1 | 常被人讚美的事？ | ・寫出令人信任的郵件文字。<br>・善於傾聽他人、提供建議。 | ・能想像收信者會有什麼感受。<br>・客觀看待事物。 |
| Q2 | 能獨立作業的事？ | ・製作 PowerPoint 簡報。 | ・整理資料時，能針對不同對象，調整內容、表達方式。 |

▼找出「忍不住會花時間做的事」。

| | 問題 | 答案 | 具體在做什麼？ |
|---|---|---|---|
| Q | 怎麼安排時間？ | 人→兩成 | 和朋友見面、聊天。 |
| | | 物→零 | |
| | | 資訊→八成 | 經常在網路上收集資訊。 |

※可以了解「平時在做的事」＝「對自己來說舒適愉快的事」的傾向。

## 「能做的事」容易受環境影響

這個練習讓我看見了自己能做的事，其中有幾點特別能和工作連結起來：

- 獨立思考，並採取行動。
- 能適應變化。
- 整理資料時，能針對不同對象，調整內容、表達方式。

此外，進行這個練習後，我還察覺到：所謂能做的事，容易受到環境的影響。因為**根據環境的不同，「缺點」也能變成「優點」**。

透過這個練習，我發現「能獨立思考，並採取行動」就是我能做的事。但在過去的環境中，這個特質卻被身邊的人認為是「不按指示行事」的缺點。

讓我分享一個小故事。從小我就常被父母說：「妳真是個不聽話的孩子啊！」因為父母很重視教育，因此我在學生時代經常聽到「快去讀書」或「去念這所學校吧」這種話。但，我是個很難乖乖聽從指示的孩子。

我家每天晚上都有讀書時間，但我經常假裝在看參考書，實際上桌子底下藏著漫畫，一直都在看漫畫。高中入學考試時，我擅自申請了一所與父母期望不同的學校，於是全家大吵了一架。

這個被父母斥責為「不按指示行事」的特質，在我畢業進入職場後，也同樣被視為一個缺點。

在公司裡，當主管下達指示給我時，我並不會順從，而是會問：「為什麼一定要做？」或「這樣做如何？」之類的問題，因此經常被斥責：「少廢話，做就對了！」（現在回想起來，我認為當時自己提問的方式也大有問題。）

但相反的，也有一些經歷，讓我這個特質被視為「能獨立思考，並採取行動」的強項，因而得以發揮。

當初，不顧父母反對想進申請的高中，是因為「學生有充分的自由且活力充沛」的校園形象非常鮮明。入學後，果然如我所想。讀書方面雖然表現平平，但這裡的學生主導每一項活動，並且全力以赴的享受其中。

在每年舉辦的活動中，我和班上的朋友們從零開始策劃的「想做做看」內容。在全校大獲成功，甚至多次贏得獎項。這段高中時期的回憶，在成年之後依然深深烙印在我的腦海中，是一段非常充實的經歷。

因為我們是學生，所以才能夠隨心所欲，當然狀況和成為社會人士的現在有所差異，但「能獨立思考，並採取行動」這個「能做的事」得以充分發揮的瞬間，在我的生命中也確實存在過。

**作者的領悟**

**「能做的事」在不同的環境中能成為優點，也可能變成缺點。**

## 心境的轉換

### Before

- 沒有「想做的事」，就沒有工作的動力。
- 尋找「喜歡的事」與「擅長的事」，卻遭遇困難。
- 以為只有經驗豐富、具備技能的人有能做的事。

### After

- 還沒有「想做的事」前，只要能舒適的工作就好。
- 結合「想工作的環境」與「能做的事」，以舒適的工作為目標。
- 每個人都有能做的事。

# 第 3 章

# 不擅長努力的我，夠格嗎？

# 01 適合我的職業，究竟是什麼？

藉由第一章和第二章的練習，我看見了自己「想工作的環境」和「能做的事」。

■ **想工作的環境**

- 能夠成為有去處的人才。
- 在有速度感的環境中工作。
- 參與至少有一點興趣的業務。

■ **能做的事**

- 獨立思考，並採取行動。
- 能適應變化。
- 整理資料時，能針對不同對象，調整內容、表達方式。

這些條件都確定後，接下來呢？我該到哪一個行業領域、哪一個職務類別去應徵才好？

一直以來，我都相信某個地方一定有適合我的工作。以前看身邊的人找工作，大都是根據「行業領域」或「職務類別」來選擇，所以毫無疑問的，我也認為自己應該先從這兩方面來決定工作。然而，當我嘗試思考適合自己的行業領域和職務類別時，才發現很多工作都是自己沒做過的，很難鎖定選擇範圍。

當我陷入困境時，突然想起爸爸有一位身兼二職的朋友。這位朋友在一

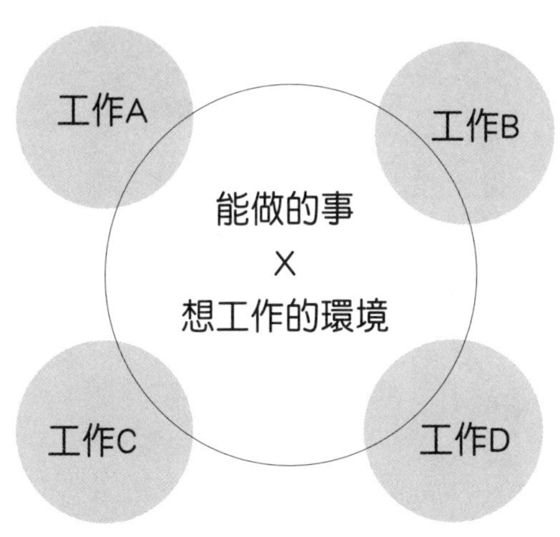


▲未必有完全適合自己的職業。

家公司擔任技術職員工，同時也經營一家米農場。乍看下，這兩份工作毫無共通之處，但他是這麼說的：

「這兩份工作都有一個共同點，那就是『製作東西』。雖然做出的成品不同，但是因為我特別喜歡製作東西，所以覺得這兩份工作都很有趣。」

聽到他這一席話，我頓時豁然開朗。原本深信「完美匹配自己的工作只有一個」，但或許未必如此。再加上隨著時代演進，有些工作正持續消失，讓我開始有了不必拚命的去尋找，那僅有一個的理想職業，這樣的想法。

換句話說，適合的工作不止一種。所以這次轉職，我決定不要把工作的條件限定的太狹隘。而且我還決定了一件事。那就是：我要盡可能的「在成長中的行業領域裡工作」。

我的願望之一是「成為有去處的人才」，為了實現這個願望，在成長中的行業裡累積經驗，會是一條更有效率的捷徑。就這樣，我總算正式展開轉職活動。

## 如何找到適合自己的職業

雖然說沒有完全適合自己的工作、適合的工作也可能不止一種，但應該還是有些人會想要大致確定一下職業種類，對吧？

這時候，由厚生勞動省[1]營運的「職業資訊提供網站 jobtag」[2]就很值得參考了。讓我來介紹一下網站的使用方法吧！

## ■利用 Jobtag 能做到的事

・可以像職業圖鑑一樣使用。

・有一些免費工具，可以診斷價值觀、適性、技能等特質。

## ■如何在 Jobtag 上搜尋「可能適合自己的」職業種類？

步驟一：選擇主選單中的「職業搜尋」→「按工作內容搜尋」。

1 譯者按：相當於臺灣的衛福部＋勞動部。

2 編按：網址為 https://shigoto.mhlw.go.jp/User/（日文網站）。臺灣勞動部勞動力發展署也有提供類似的服務，網址為 https://emps.wda.gov.tw/Internet/Index/jobs-exploration.aspx。

步驟二：從「擅長的工作內容」和「有難度的工作內容」中勾選相關選項。

步驟三：確認結果。

我的搜尋結果：文案撰寫人、雜誌記者、書籍編輯、網站專案經理、職涯顧問、人事顧問、網路行銷人員……等，一共有五十種職業。

作者的領悟

適合的職業不止一種。

# 02

## 放棄完美，我的年薪竟提高了

就這樣，轉職活動正式開始了。

當我為了尋找徵才廣告而瀏覽求職網站，才意識到自己忘了一些重要的事。這些重要的事包括年薪和加班時間等僱用條件。例如：

- 年薪至少在四百萬日圓以上。
- 每個月加班時間在二十小時以內。
- 福利待遇相對完善……諸如此類。

既然都鼓起勇氣進行轉職了，至少這些條件都要達到吧？

我把欠缺值得誇耀的經驗、沒有技能的自己搬上檯面，悠哉悠哉的提出了這樣的理想條件。可是，當我用這些條件透過轉職網站、轉職仲介尋找徵才資訊時，才發現合適的職位少之又少。就算勉強應徵了網站推薦的職位，我卻連面試的機會也沒有。

經驗太少、沒有傲人的成果。非但如此，我也沒有積極學習新事物。像我這樣「戰鬥力低下」的人，要找到滿足所有條件的工作，根本是天方夜譚。原來這就是現實嗎？

常聽人家說轉職時「不要妥協」。但對我來說，不妥協幾乎就等同於「不轉職」。

轉職需要耗費大量的精力，精神上也很疲憊。因此，我才希望「這一次的轉職能夠滿足所有需求」。但是，如果再繼續這樣下去，我哪也去不了。雖然很嚴苛，但我只能接受現實，這是唯一前進的道路。

最終，我選擇了「相當程度的妥協」。

## 為了獲得想要的事物，我選擇放棄

年薪、技能、成就感、工作舒適度，這些不是都很重要嗎？我根本選不出來！

坦白說，這是我的真心話。那些擁有優秀技能和豐富經歷的人，當然就另當別論了。一定也有人可以一次就獲得期望的條件吧？然而，我是一個既沒有經驗、也沒有技能，更不擅長努力的人。所以，我放棄「一次轉職就獲得一切」的念頭。

為了脫離滿是抱怨的現狀、繼續往前邁進，我只能接受這個糟糕的自己。

當我思考「那麼，應該放棄哪些條件？」時，我放棄了「年薪提升」和「加

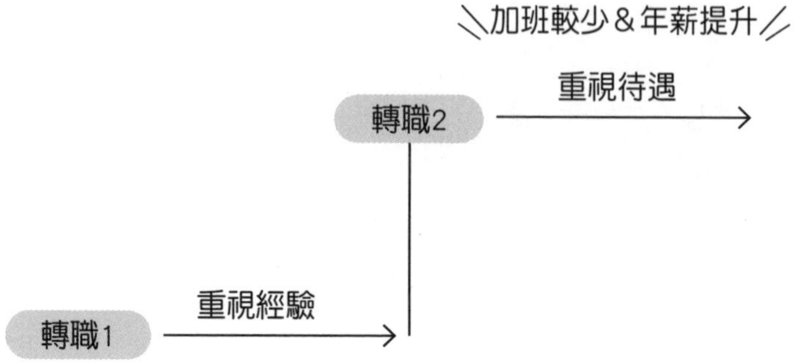

＼加班較少＆年薪提升／

重視待遇

轉職2

重視經驗

轉職1

▲不期望一次轉職就能獲得一切。

班較少」這兩個條件。

之所以這麼說，是因為僅僅排除這兩個條件，我能應徵的工作數量就大幅增加了。

話雖如此，我也無法接受比現在公司更差的條件，如年薪降到兩百萬日圓、每月加班一百小時……這樣的工作我無法長期持續。我是**在自己能夠持續工作的範圍內，相當程度的擴大了妥協範圍。**

我試著將年薪設定為三百五十萬日圓以上，每個月加班時間大約四十小時。

儘管如此，我也不是不顧一切的放棄這些條件，而是希望之後自己可以將那些捨棄的條件給「撿回來」。

我認為「成為有處可去的人才＝將來能轉職到條件更好的公司」，這道方程式一定是可以成立的。

只要我具備了企業想要的技能和經驗，那麼在下次轉職時，我能應徵的企業數量就一定會大幅增加。

換言之，我可以實現比現在更好的「有選擇性的轉職」。所謂有選擇性，意思是一定能夠選擇年薪提升、加班較少等條件更好的公司。所以，我決定在第一次轉職時「增加能做的事」。

**■第一次轉職的重點**

**【放棄的事物】**年薪或加班的條件。

**【獲得的事物】**增加能做的事。

這麼做之後，我清楚的看見自己真正想要的是什麼，於是需要放棄的事物也就自然的顯現了。

作者的領悟

期望一次轉職就獲得一切，只會提高難度。

# 03 選薪水高還是上班氣氛好？

藉由重新審視轉職的條件，我能應徵的工作範圍一下子擴大了許多（補充一下，我在「缺乏經歷」的情況下轉職時所做的努力，將在本書的第六章詳細介紹）。

終於，長期轉職活動開始有了曙光。當時我進入最終面試階段的公司有兩家：

・A公司：顧問公司／年薪六百五十萬日圓／員工數：數百名。

・B公司：網路行銷支援公司／年薪三百五十萬日圓／員工數：五名。

以第一印象判斷，我原本非常渴望進入A公司。

（咦？當然是A公司啊！最重要的是，它的年薪完勝B公司。原本我打算放棄更高的年薪，但只要選A公司，我就不必放棄了。但我到底為什麼會進入面試階段？面試時我回答得結結巴巴，感覺很沒用耶……。）

因為實在太在意這件事，所以我試著詢問轉職仲介，結果他們給的答案是：「最近A公司正在推動多元化徵才。」[3]

A公司是員工吃苦耐勞、需要有好體力的公司，過去通常只僱用男性，但這次似乎也開始積極的招募女性。看來，我是進入了多元化徵才的範圍（心情好複雜）。

如果選擇A公司，我可以不在意周圍的眼光，堂堂正正、昂首挺胸的以「職涯躍進」的姿態離開現在的公司。辦公地點也位於商業區的黃金地段，搞不好我還能過上電視劇裡夢寐以求的「職場女強人生活」。我的幻想越來越具體了。

另一方面，我對B公司的第一印象不大好。它坐落在離車站步行十分鐘，稍微有點不便的住商混合大樓的一個樓層裡，顯得有些不起眼。

（當然，公司名稱我也從未聽過，最重要的是員工數——才五個人。也太少了吧？該不會馬上倒閉吧？）

也就是說，當時我認為，選擇B公司會「減損自己的價值」。

「居然要去大家不會覺得『好棒喔』的公司，實在太丟臉了！」明明沒自信，卻只有自尊心特別高。連我都覺得自己很難搞。

3 作者按：所謂「多元化徵才」，是指積極的招募不同性別、年齡、國籍、宗教等多樣價值觀的人。

## 各家公司的工作氣氛，居然差這麼多？

但是，隨著面試選拔持續進行，我感覺自己對這兩家公司的志願順序發生了逆轉。之所以逆轉的最大原因是，A公司的面試實在太讓我痛苦了。

面試官是現任公司顧問，他穿著整齊的西裝，目光銳利、威嚴感十足。對於無法正確回答問題的我，他甚至露出不耐煩的表情。

每次面試結束，我都垂頭喪氣的回家，心想「啊！根本不可能被錄取的！」但不知為何，我卻進入了下一輪選拔（可能他們真的很多元化吧）。

另一方面，我第一印象認為「不太好」的B公司，對於我這個曾在嚴謹公司工作的人來說，感覺非常新鮮。

從外觀上看，這棟住商混合大樓雖然有些破舊，裡面卻是經過翻新的時髦辦公室。無論是社長或面試我的員工，都給人一種溫和的印象。

環顧辦公室，居然都是一些穿搭風格非常自由的人。員工們頂著帽子、戴著耳機，穿著各自喜歡的衣服工作。

如果在這裡工作，我這個在現在公司格格不入的人，應該也能夠融入他們吧？或許我再也不必為了做好的資料，永遠都卡在「內部審查」，而感到心力交瘁了。

如果是這家公司，我應該也能做得下去。這已經是一種動物般的直覺了。

**作者的領悟**

**工作氛圍因公司而異，必然有一家適合自己。**

# 04

# 我的價值我決定

我的心，已經完全被B公司虜獲了。但是，考慮到世俗認定的職涯發展，A公司應該明顯好得多吧？即使和朋友、信任的公司前輩商量，他們也全都異口同聲的建議：「不想後悔，就選擇A公司啦！」

啊！怎麼辦？我既掙扎又煩惱，回覆的期限一天天逼近。就在這時，我突然清醒了過來。

我到底是為什麼想要轉職？從原點重新思考一下吧！

我決定轉職的主要原因是，想擺脫每天帶著死魚眼[4]去公司的現狀。所以，我才會希望轉到一個更能舒適工作的環境！

沒錯，這就是我想要轉職的最大原因。明明走到這一步，自己內心的真實想法已然清晰浮現，我卻仍然被「世俗眼中的自我價值」所綑綁，我到底是為了什麼而活呢？我的價值，應該由我自己來決定就好啊。

答案已經很明確了。對我來說，重要的是這兩件事：

- 比起世俗所謂的成功，我更重視自己的內心。
- 是否能夠想像自己舒適工作的樣子。

就這樣，我辭去了世俗所謂的穩定企業，跳槽進了B公司（只有五名員工的網路行銷支援公司）。

4 編按：指人的雙目無神或者突出，帶有貶義的意思。

## 做不好工作的人，無論到哪都做不好？

轉職到這家只有五名員工的網路行銷公司後，最讓我驚訝的是——這裡跟前公司（第一家公司）之間的巨大文化差異。我沒有任何相關經驗就進入這家公司，所以對網路行銷一竅不通。

「應該會有一些什麼培訓吧？」但這樣的期待很快就落空了。

才到職第二天，我就被下達了一個籠統的指示：「妳試著為新客戶寫一份架設網站的提案書吧！」

「咦！對一個完全沒有經驗的新人，居然會立刻交辦這樣的工作！」我心中的驚訝完全無法隱藏，困惑徹底寫在臉上。這時，有位年紀與我最接近、看起來很親切的前輩寄來了一封電子郵件。

「我傳一些參考網站和以前的提案書範例給妳！」

天啊！真是太貼心了！這根本是一封讓人感激得想要膜拜的電子郵件。同時，我也意識到了一件事：這是個必須一邊自己查詢、一邊求生存的工作。

我的第一家公司的教育體系非常完善，每當要學習新業務內容時，都有前輩的支援和陪同，是相當令人安心的工作環境。然而，因為我自身的實力不足，加上從未被委以重任，最終選擇離職。

明明在企劃部工作三年，我參與過的企劃到最後一刻都從未被採用，連一次也沒有。

工作多年，我的經驗卻依然淺薄。如今，我在這家新公司沒有接受任何的培訓，必須以即戰力的身分摸索工作，能夠適應這樣的工作模式嗎？

不用多說，我忍不住開始拿前公司縝密的培訓制度來比較，內心也很快的浮現「轉職失敗」的訊號。但無論如何，打定主意決定這次轉職的人，確實是我自己。我就問，那個曾經在「能做的事」清單寫上「能獨立思考，並採取行動」的傢伙，跑到哪去了？

雖然對自己如此冷言嘲諷，但沒有任何人能給我強大的支援，還是讓我的內心充滿了不安。儘管討厭自己的矛盾，但也只能硬著頭皮做了。

懷著後悔轉職、對未來感到憂慮的心情，我開始使用前輩傳來的參考網站，粗略的學習網站製作的流程和所需素材，並且大量模仿前輩的提案書範本，勉強做出了一份「看起來像樣的文件」。

我內心忐忑不安，將提案書交出去。接著，社長和前輩看了提案書後面面相覷，對我說：「這，真是太棒了……！」

沒錯，這份提案居然被大力讚賞「內容安排得很好」。

在第一家公司時，我做過一份創意毫無意義的提案書，讓主管整個無言，經過無數次的內部審查，那份文件的修改永無止境。結果，曾經被那樣對待的我，竟得到了這麼高的評價！這到底是怎麼一回事啊？

在前公司總是被批評得自信全無的我，似乎成了「簡報達人」。因為一直都在製作無法通過核可的企劃書，我對企劃書的結構安排已經非常熟練了。

那些曾經看似無用的工作，實際上並非徒勞無功。

結果，這份資料完全沒有被修改，就直接提交給了客戶。

只要環境改變，對一個人的評價也會隨之改變。

對於自認為工作能力差、存在某種缺陷，自我評價陷入谷底的我來說，這件事帶來了一線曙光。

## 害怕辭職是很正常的

在轉職過程中，我多次面臨「辭掉現在的工作應該會後悔」的恐懼和不安。不過，這種想法似乎是很常見的。為什麼呢？因為「稟賦效應」。

稟賦效應（Endowment Effect）是美國經濟學家理查・塞勒（Richard H. Thaler）在一九七〇年代提出的一種心理效應，意即大多數人都認為自己手中的東西比別人更好，所以不願鬆手放棄。

我當時正是因為害怕失去穩定工作的情緒太強烈，才會無法採取行動。

那麼，到底該怎麼辦才好呢？我認為要先意識到「害怕失去」的情緒，這非常重要。

也許會有人說：「光是意識到這一點，並不能解決任何問題吧？」

但事實並非如此。「意

▲稟賦效應：深信自己擁有的東西「很有價值」。

識到」這件事本身，就是往前邁出一大步了。

由不安、恐懼這類情緒引發的非理性想法，被稱為「非理性信念」（Irrational Belief）。這是由美國臨床心理學家亞伯・艾里斯（Albert Ellis）所提出：

擁有大量非理性信念的人，生活將滿是苦惱。而且，擁有這種思維模式最不好的一點，就是「沒有自覺」。

過去的我，正是這樣一個充滿非理性信念的人，根本就沒有意識到自己帶著這種思維偏見。

## 察覺思維偏見筆記

那麼，我是如何意識到思維偏見的呢？我試著對自己依序提出以下五個問題：

Q1：妳真正「好想這樣做」的事是？

Q2：什麼「念頭」限制了妳想做的事？（例如「反正我……」、「我應該要……」之類。）

Q3：為什麼會這麼想？

Q4：真的嗎？

Q5：試著寫出與Q2的答案相反的例子。

就像這樣，我挖掘出「雖然想轉職，但毫無用處的我應該會失敗吧」的思維偏見。最後，我已經能夠接受「轉職後，也有可能會很順利」、「如果轉職失敗，再挑戰一次就好了」這樣的想法。

## 察覺思維偏見筆記

深入挖掘自己的思維偏見。

**Q1：妳真正「好想這樣做」的事是？**

例：想轉職。

**Q2：什麼「念頭」限制了妳想做的事？**

A：雖然想轉職，但毫無用處的我應該會失敗吧。

B：為了讓老年生活安穩，我應該留在現在這家穩定的公司。

C：如果鼓起勇氣轉職又失敗了，我的人生就完蛋了。

**Q3：為什麼會這麼想？**

A：因為不管是打工、在現在的公司工作都不順利，我擔心在其他地方也會一樣糟糕。

B：因為擔心老年生活的經濟問題。

C：因為轉職失敗的話，我可能真的會無處可去。

**Q4：真的嗎？**

A：搞不好也有適合我的公司。

B：留在這家公司也未必安穩。

C：說「人生完蛋了」好像是有點誇張。

**Q5：試著寫出與Q2的答案相反的例子。**

A：轉職後，也有可能會很順利。

B：即使轉職到其他公司，也有很多方法可以安穩的度過老年。

C：如果轉職失敗，再挑戰一次就好了。

**作者的領悟**

**順從自己的內心，你會更有成就感。**

## 心境的轉換

### Before

- 希望一次轉職就獲得一切。
- 不做世俗認為「好」的轉職，自我價值就會降低。
- 如果在這家公司表現差勁，到任何公司都一樣差勁。

### After

- 放棄一次轉職就獲得一切的想法。
- 比起世俗定義的成功，能否舒適的工作更重要。
- 換環境後，別人對自己的評價也改變了。

# 第 4 章

# 走還是留？還是有第三種選擇

# 01 新工作忙到我難備孕

自從轉職後，我每天都很忙。在小型網路行銷支援公司工作，感覺是：

**■超級自由**

・無論服裝、上班時間都很自由。

・幾乎所有人都是早上十點後進公司，晚上八點後下班。

**■自由的同時，也嚴格要求工作成果**

・如果不能展現相對應的品質和速度，因為公司規模小，將無路可退。

**■資訊需要自己去獲取**

・沒有培訓這類活動。

・雖然提問都會獲得解答，但基本上都是自己查詢、自己進步的風格。

**■過度欠缺人手，所以什麼都要做**

・每天的清潔工作、備品訂購都要自己來。

・能夠處理較多業務的人會受到重視。

**■人際關係要相當留意**

・辦公室是個非常狹窄的世界，要是跟某人合不來，會變得很辛苦。

・要留心避免關係惡化。

**■沒有代理人**

・每位員工的工作量都是爆滿狀態。

・可以請有薪假，但期間的業務必須自行調整，而不是交接給別人。

看到這些，你可能會想：「這樣的環境我不行啦！」對吧？

但當時對我來說，這些環境是適合的。為什麼？因為這次轉職，我最想達成的三個想要的工作環境條件是：

・想成為有去處的人才。
・想在有速度感的環境中工作。
・想參與至少有一點興趣的業務。

我確實感受到，這些條件都能夠被滿足，尤其是關於「想成為有去處的人才」。隨著我被放進各種專案當中工作，獨立處理業務的經驗逐漸累積，讓我一點一滴的有了「就算是我這樣的人，應該也是做得到吧？」的感覺。

能被交派的工作越來越多，讓我每天都很忙碌，也過得還算充實。儘管常加班、又拿不到加班費，但因為也有獲得加薪，所以我並沒有太多的不滿。

然而，我的生活卻逐漸陷入了混亂。

在這段時間，我的人生階段也發生了變化。我結婚了，開始和伴侶一起生活。我每天回家的時間是晚上十點左右。晚餐不是和加班的同事一起吃，就是吃便利商店的便當解決。回家後，我都累得只想睡覺。雖然開始考慮生孩子，但處於這種生活狀態，讓我感覺根本無法開始備孕。

**作者的領悟**

**比起別人怎麼看，工作最重要的是「是否適合自己」。**

# 02 沒有「正確答案」這種選項

應該有不少人曾經在「辭職或繼續工作」之間感到迷惘吧？當時的我，也在這樣的選擇中猶豫不決。

要在現在的環境中備孕？還是選擇轉職？

目前任職的公司沒有任何人放過產假，也沒有人請過育嬰假。當初轉職時，我完全沒想到這一點啊！我搞不好可以成為首開先例的人……但不知為何，我完全無法想像自己在這家公司一邊工作、一邊育兒的模樣。說到底，我必須從備孕開始做起吧？

要我在現在這種混亂的生活中備孕，不覺得難度很高嗎？即使如此，要選擇轉職也不太對……如果我現在開始準備轉職，順利的話可以在半年後進新公司，那麼要何時才能開始備孕呢？

不管做哪一種選擇，我都沒辦法忽視其中的缺點。無論如何都找不出答案。當時的我，陷入了「永遠在尋覓找不到的正確答案」的循環裡。

我以為，唯有找到能讓自己接受「就是這個！」、毫無疑慮的正確答案，才能夠採取行動。但遺憾的是，**人生選擇並沒有「正確答案」這種東西**。

不像考試題目的答案有對錯之分，人生既不是是非題，也不是只有一個答案的選擇題。

我總是忍不住想要模仿別人的答案，但對我來說，那真的是最佳解答嗎？我也不知道。

如果沒有正確的選擇，那我該怎麼選擇才好呢？

## 選擇困難時的筆記

當你在煩惱「該選擇什麼才好？」時，這個練習可以幫助你找到自己的答案。

「要選擇現在的環境，還是新的環境？」、「要選擇A公司，還是B公司？」、「要選擇在這裡備孕，還是轉職？」當你為這類問題感到困惑時，以下這兩個練習可以幫助你找出答案。因為你能從兩個視角來找出答案，所以建議你兩個練習都做一遍。

### ■練習一：利弊分析練習

當你只關注缺點而無法做出選擇時，這個練習可以幫助你退一步思考。

（在只看到好處而急於行動時，也可以使用。）

藉由對缺點進行「真的是這樣嗎？（是否是自己的偏見？）」或「有辦法解決嗎？」等其他視角的提問，就可以從表面的選項來深入思考。請按照以下步驟，試著將答案寫在筆記本上（範例見第一一二頁、一一三頁）。

**步驟一：**首先，盡可能列出所有的選項。

**步驟二：**寫下每個選項的優點。

**步驟三：**寫下每個選項的缺點。

**步驟四：**分別對每個優點、缺點提問「真的是這樣嗎？」

**步驟五：**思考是否有解決缺點的方法。

**步驟六：**寫完後，試著選出「感覺好」的選項。

**■練習二：將選項和重點並列，藉由打分數來進行視覺化的確認。**

當你不知道該選擇哪個才好時，這個練習可以幫助你在考慮自己的優先順序時，藉由打分數來進行視覺化的確認。

在過程中，你將會和自己的優先順序對話，看見自己想要珍惜什麼，以及為了珍惜那些事物，究竟應該選擇什麼（範例見第一一四頁）。

**步驟一**：首先，盡可能列出所有的選項。

**步驟二**：列出在意的事。

**步驟三**：依照自己的優先順序，為這些重點打分數（高、中、低）。

**步驟四**：在每一個選項上，各自打分數（滿分五分）。

試著做完「選擇困難時的筆記」練習，我明白了一些事：

- 我對於忙亂的生活感到疲憊，很想休息。
- 我並不是幾年後才要備孕，而是希望「現在馬上」就開始備孕。

| 步驟四：<br>真的是這樣嗎？ | 步驟五：<br>解決缺點的方法？ | 步驟六：<br>讓你「感覺好的」是哪個選項？ |
|---|---|---|
| 公司真的不可能變成更適合工作的環境？ | 自己率先打頭陣，提倡公司變成一個更適合工作的環境。 | |
| ・若從制度上評估，何時可以開始請產假、育嬰假？<br>・真的有人在轉職後就馬上懷孕嗎？ | 找到願意理解自己要備孕的公司。<br>→有沒有那種面試時就表示自己想要備孕，還是願意僱用我的公司？ | |
| | ・找到即使自己有工作空窗，也願意重視工作經驗的公司。<br>・在存款還能支撐生活的 3 年內復職。<br>・從事即使懷孕也能輕鬆做的工作。 | ○ |

## 選擇困難時的筆記

▼練習一：正反面思考練習。

| 步驟一：<br>思考選項 | 步驟二：<br>優點是？ | 步驟三：<br>缺點是？ |
|---|---|---|
| 繼續待在現在的公司，開始備孕。 | ・沒有改變環境的壓力。<br>・可以馬上開始備孕。 | ・沒有任何人放過產假，也沒有人請過育嬰假。<br>・生活一片混亂，擔憂是否能夠備孕。<br>・感覺很難一邊育兒、一邊工作。 |
| 轉職到容易休產假、復職之後也容易工作的公司（正職員工）。 | 育嬰假復職後，工作環境友善。 | ・進入備孕階段的時間點較晚。<br>・轉職後就馬上懷孕，有點尷尬。 |
| 辭職，專注於備孕。 | 可以重新建立生活模式，馬上開始備孕。 | ・職涯中斷。<br>・自己的收入歸零。 |

▼練習二：將選項和重點並列，藉由打分數來進行視覺化的確認。

| 步驟一<br>列出考慮的選項 | | 繼續待在現在的公司備孕 | 轉職到容易休產假、復職後也容易工作的公司 | 辭職，專注於備孕 |
|---|---|---|---|---|
| 步驟二<br>在意的事？ | 步驟三<br>優先順序為何？ | 步驟四<br>打分數 | | |
| 收入高低 | 低 | 3 | 4 | 1 |
| 通勤時間的長短 | 中 | 3 | 3 | 5 |
| 工作時間的長短 | 高 | 1 | 2 | 5 |
| 進入備孕階段的速度 | 高 | 5 | 1 | 5 |
| 在家時間的長短 | 高 | 1 | 1 | 5 |
| 職涯的體面程度 | 中 | 5 | 5 | 1 |
| | 優先順序（高）的總得分 | 7 | 4 | **15** |
| | 總得分 | 18 | 16 | **22** |

我之前一直在轉職或不轉職之間猶豫不決，但後來才發現，其實自己想選擇「辭職」的心情更加強烈。但是，我無法立刻回答自己能否順從這份真實的感受。因為我擔心如果現在辭職，就會脫離正職員工的軌道。還有，如果孩子出生後造成了工作空窗期，我是否還能重返職場？

## 正視不安，才能夠邁步向前

我不想懷著這份模糊的憂慮，一直浪費時間下去，為了釐清憂慮的真相，我決定試著深入探究。

**步驟一：**寫出是什麼讓自己感到不安？

首先，隨著思緒寫下目前感受到的不安和困惑：

・一旦有很長的工作空窗期，好像就很難找到下一個工作。
・在有小孩的情況下，能找到願意僱用自己的公司嗎？

**步驟二：**為了消除「真的是這樣嗎？」的疑慮，嘗試調查案例。

寫出不安後，再以「真的是這樣嗎？」的視角，調查是否有那種在「有工作空窗期、又有小孩」的情況下成功轉職的案例。

**【看見的案例】**

・具備需求度高的工作經驗，因過去的經歷受到好評而入職。
・進入人手不足的公司或行業。
・先以兼職的身分工作，再轉為正職員工。
・以派遣的身分入職，等到實力被認可，再轉為正職員工。
・設法有效的展示過去的經驗而入職。

**步驟三：**試著思考「真的沒有其他辦法了嗎？」

**〈試著思考〉**若自己在實際進行求職活動時感覺「還真不容易啊」，該如何應對。

**【能夠想到的方法】**

- 降低標準來選擇工作。
- 鎖定人手不足的公司（成長中的行業、新創公司等）。
- 琢磨該如何展示過去的經歷。
- 先以非正職員工的僱用形式入職。

就像這樣：

**步驟一：**寫出是什麼讓自己感到不安？

**步驟二**：為了消除「真的是這樣嗎？」的疑慮，嘗試調查案例。

**步驟三**：試著思考「真的沒有其他辦法了嗎？」

經過逐步思考，最終我得出的結論是：「只要不挑三揀四，要重返職場應該還是有辦法的！」

不過，辭去工作還有另一層顧慮，那就是家庭財務狀況。

當時，我的丈夫因為想要確保有足夠時間來學習自己喜歡的事物，而選擇當派遣員工，年薪頂多只有三百五十萬日圓左右。

只要省點，整個家還是可以依靠他的收入過活。但因為他是派遣員工，所以也有被解約的風險。而且不瞞你說，我實在不擅長節省（在這種情況下真的很無奈）。

從一般的角度來思考，在這種不穩定的情況下，或許根本不會將辭去工作列入選項。但對我來說，放棄備孕的時機似乎會讓我更加後悔。做出的選擇是否符合「一般」，根本無所謂。

我的個人存款大約還有兩百萬日圓。或許眼下還可以暫時依靠這些錢過日子，再過兩、三年復職也不遲——我決定如此思考。

儘管在一般的標準下，可能會有人覺得「欸？這個人沒問題吧？」但對我來說，這就是最適合自己的選擇。

**作者的領悟**

**「正確的選擇」這種東西，根本不存在。**

# 03 視野擴大，選擇也不一樣

我之所以能決定辭職還有一個很大的原因，那就是：我不再像以前那樣抗拒「放棄」。因為第一次轉職時，我已經有過放棄在穩定企業工作的經驗。

正因為那時能放棄，我才能在現在的公司（第二家公司）獲得對工作的自信。**放棄現在擁有的事物，是一件非常可怕的事。但正是因為能放棄，才能夠有所獲得。**

丈夫願意尊重我的選擇，因此我順利的辭職，進入了無業期。

自「從早到晚都在工作」的生活解放後，我整天看漫畫、看電視劇，能夠做自己喜歡的事度日，實在是太棒了！依照計畫，我們也啟動了備孕生活。如果順利懷孕、生子，我就等到孩子兩歲左右再找工作。雖然我是這麼想，但過了幾個月……我仍沒有懷孕。事情並沒有想像的那麼簡單。

我依靠丈夫微薄的收入（真抱歉），過著無所事事的日子。我開始感覺被社會遺棄，每天早上起床都是「今天也沒有計畫」的一天，讓我漸漸的憂鬱起來。咦？事情不應該是這樣的啊！

## 太閒也挺痛苦的

「整天耍廢有害身心健康。」所以我決定每天帶著紙筆去咖啡館。

因為無業而變得空閒，我開始沒什麼事情需要思考，就更加專注於「想要懷孕」，但懷孕這種事又無法預測，我甚至不知道自己能不能懷孕。

既然如此，就乾脆暫時忘記備孕，去嘗試自己現在想做的事吧！這麼想之後，我決定再次面對自己的感受。我不斷的書寫，最後寫出的內容是：

我想要克服對英語的自卑感。

在之前任職的那家公司（第二家公司），我不僅負責日籍客戶，也負責外資企業客戶，因此有時會舉辦外國嘉賓的餐會。

當時，我的英語能力大約是多益四百分[1]左右。閱讀、寫作還勉強能夠應付，但根本無法跟外國人對話。所以在餐會上，我只能做個透明人，彷彿一尊石像靜靜的等待時間流逝。雖然聽不懂他們在說什麼，但我會在大家談笑時跟著笑，或是點頭表示理解。

因為工作太過忙碌，我沒有時間去思考這個事實，只能無奈的接受現狀，但我對自己的「英語能力不佳」一直感到莫名不安。就這樣，我重新梳理自己的感受，最後明白：

「我也好想參與他們的對話。」

「我想在沒有字幕的狀態下，看懂喜歡的演員的英文訪談。」如此這般，我對英語的真實感受逐漸顯現出來了。

一旦想得太複雜，我就會無法採取行動。於是，我立刻預約了菲律賓的語言學校。我決定利用無業的輕鬆狀態，去學習兩個月的英語。

結果去菲律賓兩個月，並沒有讓我的英語變流利（了解「事情沒那麼簡單」這個事實也不錯啦）。不過，這次留學經歷卻大大改變了我的思維方式。在菲律賓，有來自日本、韓國、臺灣等地的人來這裡學英語，年齡層相當廣。

・一位三十歲的女性，在學完英語後打算去澳洲打工度假。

1編按：TOEIC，是由美國教育測驗服務社（ETS）專為「母語為非英語人士」所研發的英語能力測驗。分數兩百五十五分至四百分之間表示，語言能力僅侷限在簡單的一般日常生活對話，同時無法做連續性交談，亦無法用英文工作。

- 一位三十七歲的男性，正在世界各地旅行，目前在菲律賓短暫停留。
- 一位四十七歲的女性，是為了去加拿大念大學而學習英語。

與這些來自各個不同國家、擁有不同想法的朋友交談，我意識到：或許我可以更開放的看待問題。一直以來，我都認為工作就必須是正職，但我內心所渴望的，真的是「正職」這種穩定的僱用形式嗎？

比起正職，我更希望自己成為「有選擇權的人」。我希望能根據「現在的自己」和「當前的情況」選擇合適的工作方式，而不是拘泥於僱用形式。為了達成這一點，我認為自己要累積經驗和技能。於是，我決定從菲律賓回國之後，重新開始工作。

這時候，我追求的工作方式是輕鬆的工作，同時獲取經驗、技能。基於這兩個條件來謀職，我進行了以下的條件篩選：

- 可在家辦公，以及可短時間內完成工作。
- 能累積重返職場時可以展示的經驗。
- 不拘泥於僱用形式。

近年受到疫情影響，遠端工作模式迅速變得普及，但在當時並沒有這麼多在家辦公的工作機會，所以應徵在家工作是很困難的。經過一番尋覓，我找到一個主婦兼差的求職網站。最後，我開始了一份「無經驗可、廣告營運、每天工作四小時、時薪一千五百日圓」的工作。

這份工作的內容，是為客戶策劃、代操網路廣告。儘管我在上一份工作有網路行銷的經驗，但對於「廣告營運」卻是全然的陌生。但因為我對網路有基礎的了解，所以很順利的就被錄取了。

同事中有前銷售人員、前行政人員，也有不少人是完全沒有網路相關的業界經驗，他們都已經在這裡發揮所長。

尋找無經驗工作時，兼差的求職網站是一個不錯的管道（當時這類工作機會還很少，如今在家工作的兼職徵人廣告已經很常見了）。

這是我第一次從事廣告營運的工作。一開始要習慣確實不容易，但每天在家辦公四小時，提供了我一些「挑戰」。另外，我偶爾有機會用英語寫電子郵件與人通信，這對自己來說也是加分項目。

儘管收入不多，但以這份工作為起點，我有了一個新發現：

當視野變得更廣闊時，選擇也會更多。

作者的領悟

當你清楚自己想要什麼，並為之努力時，你會發現新的機會和可能性。

## 心境的轉換

### Before

- 在辭職或繼續工作的選擇之間猶豫不決。
- 陷入「永遠在尋覓找不到正確答案」的循環裡。

### After

- 勇敢面對憂慮，就能看見答案。
- 不被框架束縛，選擇屬於自己獨一無二的路。

# 第 5 章

# 什麼是適合？

# 01 存款見底，不得不重返職場

在我用自己的步調工作的這段時間，我終於懷孕了。

雖然要和孕吐相處，但每天約莫在家工作四小時，正好成為我的心情調適劑。

儘管賺不到太多錢，但可以午睡、休息的工作方式，坦白說真的很棒。所以，我一直工作到快要生產為止。

孩子出生後，我辭去了工作，再次成為全職家庭主婦。

與孩子共度的生活非常幸福，但我幾乎每一天都沒有計畫。早上帶孩子去散步後，接著就整天躺在沙發上耍廢、看電視的雜聞秀[1]，直到傍晚為止。

若你問我是否享受家庭主婦的生活，老實說並沒有那麼愉快。

每當聽聞還在工作的朋友們的故事，雖然好像很辛苦，但別人的生活似乎總是比較美好。和社會之間完全沒有聯繫，讓我感到悶悶不樂。

說到底，我並沒有那麼喜歡做家事，也不覺得自己特別適合育兒。我無法一整天都陪伴孩子玩耍，只能一邊感到內疚，一邊不自覺的拿起手機滑。

「孩子還小，我想和他一起度過」、「好想工作」……我一直在這兩種心情之間擺盪掙扎著。

## 存款見底了

然而，無法悠哉以對的現實生活，正持續上演……我的存款快要用完了。

是的，雖然成了家庭主婦，但丈夫的收入並沒有那麼高。最重要的是我本身不擅長節省，所以一邊消耗自己的存款、一邊過日子的結果是——帳戶餘額已經低於十萬日圓。

丈夫的帳戶裡也只剩下一百萬日圓左右，這樣的經濟狀況對於三口之家來說，實在讓人感到不安。我真是自作自受。

「以這樣的經濟狀況，不去找工作、還敢說要生小孩，真是太傻了。」

我忍不住這麼責備自己。

但我不知道自己何時會懷孕、不管怎樣還是想要孩子、如果懷孕了就不想勉強工作……這樣的任性要求也獲得丈夫的理解，權衡輕重的結果就是如此。所以意外的，我對於過去的選擇並不感到後悔。

---

1 譯者按：雜閒秀（ワイドショー，Wide Show）是日本的一種電視節目類型，主要內容為各類新聞、娛樂、社會事件、名人八卦，一般都在白天時段播出，以資訊娛樂為目的。

不管那麼多了，先去工作賺錢吧！

上一次以公司職員的身分工作，已經是超過三年半以前的事了。最近這兩年我都是家庭主婦，沒有在工作，還有個年幼的孩子。

儘管狀況十分艱難，但我決定「為了賺錢」而重返職場，以公司員工的身分再度就業。

**作者的領悟**

**因為充分享受了無工作的生活，才又重新燃起了工作的意願。**

# 02 同樣的工作內容，各家年薪差很多

會有公司願意聘僱「經歷薄弱」的家庭主婦嗎？更何況，我還想要拿不錯的年薪，這是不是太過天真了？說到底，究竟有沒有我能應徵的工作職缺？年薪水準又是如何呢？

各式各樣的疑問湧上心頭，所以我決定先好好看看求職資訊。結果，我發現了一件事：**明明看起來是同樣的工作內容，各家公司的年薪卻差異非常大**。

以我曾經有經驗的「網路行銷專員」為例。在某個求職網站上，這類職位的年薪大約落在三百五十萬日圓至四百萬日圓之間。

然而，在另一個感覺更高檔的轉職網站上，我看到部分職位的年薪至少有五百萬日圓，即使不是管理職，年薪也有七百萬日圓左右。

儘管如此，年薪七百萬日圓和年薪四百萬日圓的公司的招募內容，看起來幾乎沒有太大差異。

應徵年薪水準較高的公司，是我必須做的選擇。因為在這次轉職中，我將「年薪提升」作為最重要的條件。

## 高收入工作很辛苦？

不過，我心裡還擔心著一件事：「年薪高的工作＝辛苦」嗎？

過去我一直認為，工作的年薪越高，責任和壓力也會隨之增加，而且員工還必須更辛苦的工作，才可能獲得相對應的收入。對於現在的我，不論薪資再高，我都已經無法再承受精神和肉體上的過度勞累。

但真的是年薪越高，工作就越辛苦嗎？試著冷靜下來思考，我就意識到「年薪高的工作＝辛苦」這個公式未必成立。

實際回顧我曾經任職過的公司，第一家公司因為是採用年功序列制度，所以雖然我每天都在上網，但年齡、工作年限隨著時間推移，職等和年薪也都有所提升。

另一方面，第二家公司雖然工作強度非常高，但沒有加班費，薪資也僅僅四百萬日圓。如果我繼續待在那裡工作，收入應該也不會有大幅度的提升。

換言之，「年薪高的工作＝辛苦」並不完全成立。即使是像我這種不太能承受壓力的人，也有可能在年薪較高的公司裡持續工作。

我想要設法解決沒有存款的情況。希望能夠不依賴丈夫的收入，獨立靠自己的薪水來養活家人。或許，我是太過理想化了。但這次求職，我決定先試著鎖定年薪較高的公司去應徵。

## 公司挑你，你也要挑公司

公司的業務內容、年薪、員工數量、成長性、福利制度……這些都是每個人轉職時在意的條件。但是，我自己最看重的是「內在」而不是「外觀」。

為什麼？因為即使公司條件再好，一旦企業文化不適合，還是會覺得很辛苦。我在第一家公司就已經深刻感受到這一點了。

- 有名氣。
- 條件好。
- 是希望的職務。
- 企業好像有成長潛力。

上述這些當然都是重要的因素。我自己也是以「薪資高」為主要條件來謀職的。

但是，若從「能否舒適的工作？」的角度來思考，就必須更進一步試著深入了解公司內部的狀況。這不僅適用於公司，也同樣適用於職位。

以企劃人員或行銷人員這類職務為例，雖然給人光鮮亮麗的印象，但實際工作之後，卻發現銷售或業績壓力很大……諸如此類的情況，我也是時有所聞。

（某人就是單純為了光鮮形象而申請進入企劃部，但入職後，卻發現事實和想像大相逕庭……那個某人就是在下我啦。）

如果單靠「外觀」來判斷，而不看「內在」，就可能在入職後感嘆「如果當初再考慮得仔細一點就好了！」的情況。因此，我將「了解公司文化」作為第一步，開始進行調查。

## 檢視公司內部的筆記

這個練習可用來檢視你要應徵的公司，確認其企業文化是否適合自己（範例見左頁）。調查企業文化的方法有以下幾種：

- 瀏覽可看到員工口碑的轉職評價網站。
- 企業的網站或徵才網頁。
- 企業或員工的社群媒體帳號。

請透過這樣的方法來確認公司的企業文化吧！

另外，藉由第一四二頁的練習，你還可以確認企業文化是否符合自己的價值觀。在這個階段，即使你對企業文化還不完全了解也沒關係。因為要明

## 檢視公司內部的筆記

### 確認企業文化的練習

1 在你認為適合自己的位置上，寫下「自己」。
2 預想想要加入的企業文化，並寫下「企業」。

←年功序列　　評價方式　　實力至上→

企業　　自己

根據年齡、工作年資等數字來決定薪資

根據展現的成果來決定薪資

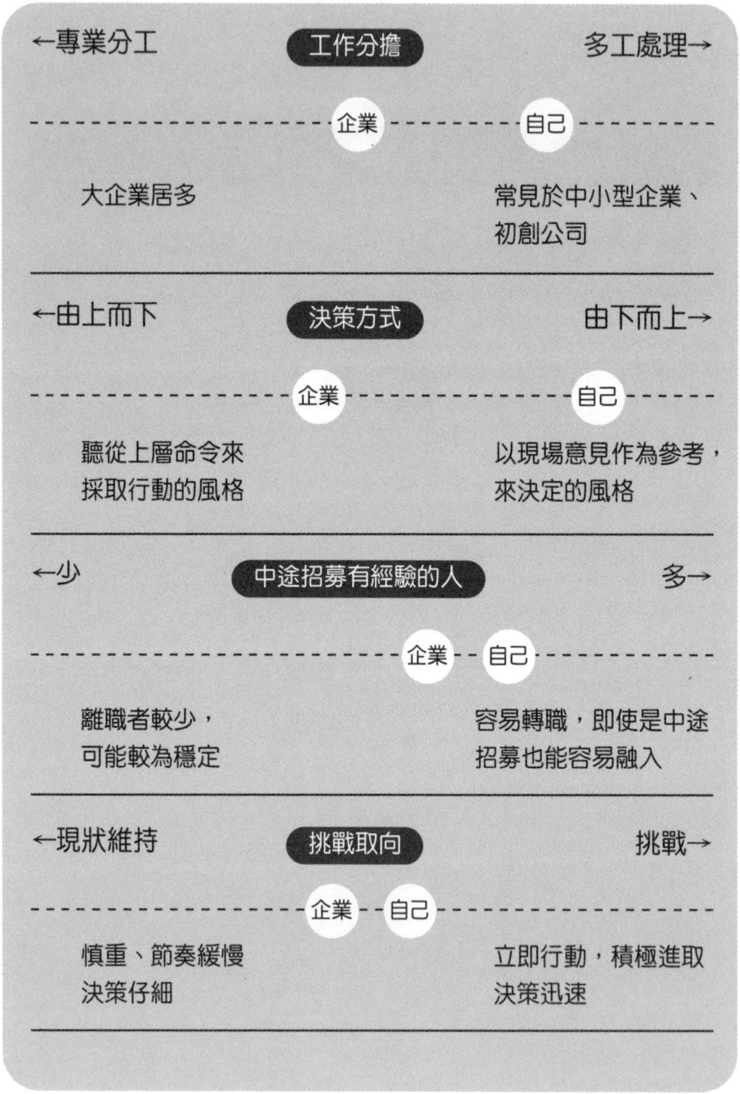

←專業分工　**工作分擔**　多工處理→

企業　自己

大企業居多

常見於中小型企業、
初創公司

←由上而下　**決策方式**　由下而上→

企業　自己

聽從上層命令來
採取行動的風格

以現場意見作為參考，
來決定的風格

←少　**中途招募有經驗的人**　多→

企業　自己

離職者較少，
可能較為穩定

容易轉職，即使是中途
招募也能容易融入

←現狀維持　**挑戰取向**　挑戰→

企業　自己

慎重、節奏緩慢
決策仔細

立即行動，積極進取
決策迅速

（接下頁）

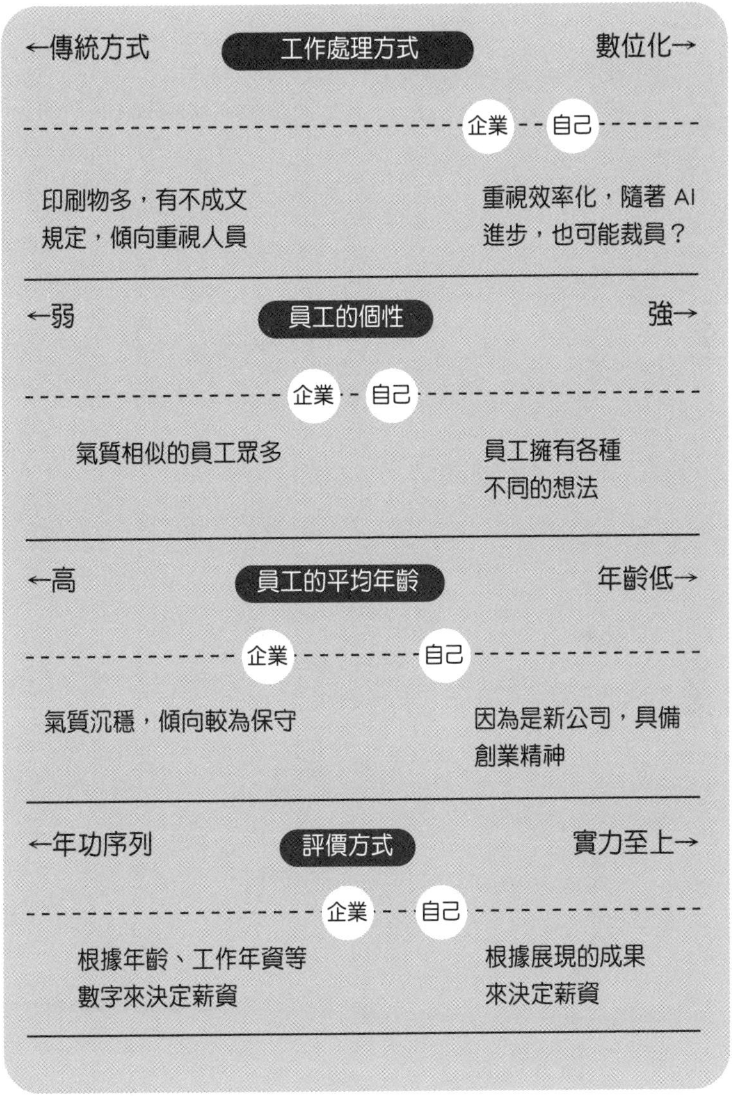

←傳統方式 **工作處理方式** 數位化→

企業 自己

印刷物多，有不成文規定，傾向重視人員

重視效率化，隨著 AI 進步，也可能裁員？

←弱 **員工的個性** 強→

企業 自己

氣質相似的員工眾多

員工擁有各種不同的想法

←高 **員工的平均年齡** 年齡低→

企業 自己

氣質沉穩，傾向較為保守

因為是新公司，具備創業精神

←年功序列 **評價方式** 實力至上→

企業 自己

根據年齡、工作年資等數字來決定薪資

根據展現的成果來決定薪資

確知道公司的內部狀況，最好的途徑還是「面試現場」。

要在應徵之前就調查到一切是很困難的，所以在掌握一定程度的線索之後，我很重視面試中的實際印象，以及在現場獲得的資訊。關於這個方法，我會在本書的第六章詳細說明。

此外，我也認為很難找到完全符合自己理想的企業文化。重要的是：你必須掌握「自己的理想」與「想加入的企業文化」之間的差距。

因為是否有掌握這份差距，在入職後發現實際與想像中不一樣的衝擊會有很大的差別。

**作者的領悟**

為了不讓跳槽成為遺憾，我們需要關注的不僅是公司的外在「框架」，還有「內涵」。

## 心境的轉換

### Before

- 每天都拿自己跟周圍的人比較，感到煩惱。
- 總覺得薪水高的工作一定很辛苦。
- 只看社會的表面現象（外在條件）來判斷事情。

### After

- 正是因為有那些煩惱，才激發了自己行動的動力。
- 薪水高並不一定代表工作會很辛苦。
- 不僅要看社會的表面，更重要的是看它的內在。

第 6 章

# 缺乏相關經歷，怎麼脫穎而出

# 01 一開始，沒有公司通知我面試

這次的轉職活動已經是第三次，從一開始就烏雲密布。因為我完全沒有得到轉職仲介公司的關注。

我三十多歲了，有段時間沒工作，最近一份工作也不是正職，簡歷看起來很弱。企業看到我的簡歷，大概會覺得「這個人不太可能馬上上手，所以價值不高」吧……。

不過，就算難過也沒用，現實還是得面對。雖然被拒絕了，但我還是得振作起來，去別的人力銀行註冊。

和十多家仲介公司面談後，我選擇繼續合作的有兩家。這兩家顧問的負責人很認真的對待我這個沒什麼經歷的人，也介紹好幾個工作機會給我。

**透過轉職仲介公司找工作，和顧問之間是否合得來很重要。**

接著，我信心滿滿的展開應徵生活。結果呢——居然完全沒有進入面試篩選階段，一間也沒有。

（為什麼會這樣？我連履歷文件都沒通過評選。是因為缺乏經歷嗎？但過去的經歷改變不了，我是不是應該放棄以正職的身分重返職場呢？）

這樣消極的想法，開始在我的腦海中浮現。接著，我突然想到一個問題：如果我是雇主，看到這份職務履歷會怎麼想呢？

當我站在雇主的立場重新審視這份履歷，才發現：若不仔細閱讀，很難看出「這個人能做什麼」。明明這是自己寫的職務經歷，我卻很難看得出來。連文件評選都無法通過，也許不僅僅是因為缺乏經歷吧。

我的第三次轉職活動大概就是這種感覺，從一開始就不太順利。

先告訴你結果，後來我收到了三家符合期望條件的公司錄取通知。最後我決定到職的公司，是一家年薪六百萬日圓的全職工作。

我的前一份工作是在丈夫扶養之下做的兼職，年薪一百二十萬日圓。再和三年半前的正職時代相比，當時我的年薪是四百萬日圓，如今已經增加了兩百萬日圓之多。

可能有些人會覺得這個年薪金額多，也有些人覺得沒那麼多。然而，我可是從「有兩年工作空窗期、前職是受丈夫扶養時的兼差接案，而且還在照顧幼兒」的背景展開轉職活動，能夠拿到這個數字真的非常滿意。

我究竟是如何從這種缺乏經歷的狀態中，找到符合期望條件的工作呢？這次求職活動之所以能順利成功，是有原因的。因為我「用心琢磨了展現自己的方式」。

前一份工作並不是正職，又有兩年的空窗期，這些都是無法改變的事實。但我用心雕琢了履歷內容，讓它看起來超越前述事實，還讓雇主認為「如果錄用這個人，應該能為公司做出貢獻」。接下來，我將具體介紹這個方法。

## 無經驗轉職時最重要的事

在進行無經驗轉職、希望年薪提升的轉職，或是有劣勢的轉職時，要加強的重點全都一樣。那就是**尋找企業和自己之間的共通點**。

你要將「企業所需的能力、個性」和「自己的能力、個性」相互連結，展現自己的優勢。就算過去的工作內容和應徵公司不同，兩者之間也一定會有某些共通點。總之你得找出共通點，並且加以展現。

為了掩飾「空窗期兩年」、「前一份工作是主婦兼差的求職網站上找到的接案工作」這樣薄弱的經歷，我努力展現自己和「企業所需的經驗、技能、個性」之間的共通點。為了讓你容易理解，讓我分享一個ＩＧ粉絲無相關經驗但轉職成功的案例。

**【粉絲的經歷】**

・年齡：三十多歲（女性）。
・在兩家公司從事銷售工作七年，之後在派遣的行政職位工作兩年。
・有兩次超過一年的離職期。
・離職期間，在職訓學校取得電腦技能和 MOS 國際認證。

**【應徵的公司】**

・全職社群行銷

**【自我行銷的重點】**

展現以下兩項經驗，讓人認為「她也可以在社群行銷中發揮！」

・銷售經驗：曾經想出各種方法吸引顧客，提高銷售額，並且成功達到目標。

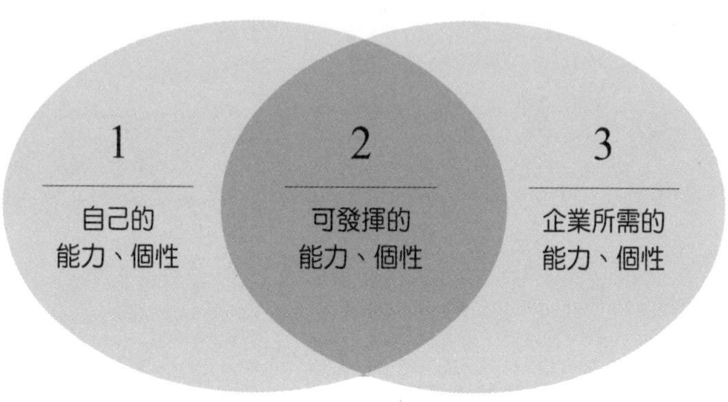


▲在技能不足的情況下，她從以上三點深入挖掘，再將其轉化為優勢。

- 行政經驗：處理過大量資料的分類和統計。

乍看之下，銷售職、行政職和社群行銷似乎是完全不同的職業。但是，她藉由連結共通點來自我行銷，才得以實現理想的轉職。

再次重申，我從第一次的轉職活動開始，就意識到尋找共通點的重要性。如何展示手中現有的牌，才是決勝負的關鍵。

順帶一提，我之前在應徵工作時，也事先記錄了自己欠缺的能力和經驗。在面試前稍微查閱一下這些筆記，光是提出「因為我在○○方面仍有不足，所以目前正在學習中」這樣的說法，也能讓面試官認為「這個求職者有客觀的掌握住自己的問題」，因而感到放心。

## 尋找企業與自己共通點的筆記

轉職時要確實掌握「企業需要的」、「自己擁有的」、「自己缺乏的」這三種東西，是很重要的。

**■練習一：尋找特質（個性）的匹配點**（範例見第一五七頁）

**步驟一：**列出公司所需的特質（個性）。

**步驟二：**以「◎○△×」來評價自己的特質（◎表很好、×表差）。

■ **練習二：尋找經驗、技能的匹配點**（範例見第一五八頁、一五九頁）

**步驟一**：列出應徵公司所需的經驗、技能。

**步驟二**：根據職缺，列出具體所需的技能。

**步驟三**：以「◎○△×」來評價自己的經驗優劣。

**步驟四**：列出過去的成就和成果。

**步驟五**：確認對於標記為△、×的部分，自己是否有過類似經驗？是否有補救方法？

## 尋找企業與自己共通點的筆記

（行政職→網路行銷職）

▼練習一：尋找特質（個性）的匹配點。

| 步驟一：<br>列出公司所需的特質（個性） | 步驟二：<br>自己的經驗優劣如何？<br>用 ◎○△× 進行評估 |
|---|---|
| 能夠主動採取行動 | ◎ |
| 不會抗拒新事物 | ○ |
| 能夠靈活的適應變化 | ○ |
| 能夠順利的進行溝通 | ○ |
| 能夠自主學習 | △ |

作者的領悟：盡力尋找共通點並加以展示，就是通過選拔的關鍵。

| 步驟四：<br>過去的成就和成果 | 步驟五：<br>確認對於標記為 △、× 的部分，自己是否有過類似經驗？是否有補救方法？ |
|---|---|
| | ·曾經使用Excel進行數據統計，並整理成報告。 |
| | ·閱讀網頁製作相關書籍。<br>·如果時間允許的話，可以嘗試製作一個簡單的網頁。 |
| ·會使用Excel（如VLOOKUP函數）進行數據統計。<br>·使用Word製作文書檔案。<br>·使用PowerPoint製作活動簡報。 | ·嘗試自己使用Google工具。<br>·線上學習基本用法。 |
| 有電話接待、代替業務人員以電子郵件發送資料給顧客等經驗。 | ·能夠與客戶進行順暢的溝通。<br>·會製作報價單。 |

▼練習二：尋找經驗、技能的匹配點。

| 步驟一：<br>應徵公司所需的經驗、技能？ | 步驟二：<br>你需要哪些具體技能？ | 步驟三：<br>自己的經驗優劣？以「◎○△×」來評價 |
|---|---|---|
| 數據分析的經驗。 | ·分析數據。<br>·思考執行策略。<br>·能分析數據並以此提供判斷結果。 | × |
| 基礎等級的網站製作經驗。 | ·理解網站製作的流程。<br>·理解HTML、CSS的基本知識。<br>·具備進行基本影像處理的能力。 | × |
| 基本軟體的使用經驗（Office系列、Google工具）。 | ·會使用Excel的VLOOKUP函數。<br>·對於Google Analytics等網路工具有基礎了解。 | △ |
| 客戶接待經驗。 | ·能夠與客戶溝通順暢。<br>·製作報價單、提案書等文件。 | △ |

# 02 根據各公司需求改寫履歷

在文件篩選頻頻遭到淘汰的過程中，總算有一家公司讓我進入第一次面試。在這次面試中，發生了一件讓我非常意外的事。面試官對我最感興趣的資歷，居然是在兼差求職網站上找到的接案工作。

這份工作是非正職員工、在丈夫扶養時的短期工作，我對此感到心虛，所以在履歷中並沒有特別強調，只是輕描淡寫的陳述過去。

雖然這在僱用條件上有些吃虧，但對於招募負責人來說並不重要。比起表面上的資歷，確實傳達出「你有什麼經驗」和「你做了哪些事」這些經驗的實質內容，才是更重要的。

## 製作履歷的四大技巧

面試時，如果能充滿自信的展現「我選擇的道路是有價值的，是自己認同的經歷」，一定能展現出自己的魅力，對吧？

雖然那一次面試因準備不足而失敗，但我在重新審視履歷表時，得到了很大的啟發。接下來讓我具體分享，我在重新編寫履歷表時的發現吧。

### ■重點一：寫出自己能做什麼以及能做到多少

招募負責人最在意的是：「這位應徵者能做什麼？」所以你需要做的，是在履歷表的「職務內容」欄中確實的寫出自己能做什麼，以及能做到多少。

具體的寫出這些訊息，能讓對方更容易想像出，你在這家公司是否能發揮作用。以下這段文字，是以從事客服之類的「顧客接待工作」為例。

**【只寫出工作內容】**

・顧客接待工作。

**【修正後】**

・顧客接待工作（窗口、電話）。

・處理客訴、各種保險申請手續，以及回答諮詢等接待工作。

**【實際成果】**

製作的問答手冊、自動化工具均獲得高度評價。文件被分發至所有分部，對提升業務效率有所貢獻。

僅僅如此調整，就能成為一份很棒的職務履歷，讓招募負責人可以具體想像出你是一個能接待顧客、自主推動業務效率化的人。

## ■重點二：讓招募者一目瞭然

為了製作出讓招募負責人一目瞭然的履歷表，首先要從視覺效果的角度出發，你必須留意以下三點：

- 文字的大小、粗細要有層次。
- 留意行距、文字量等細節。
- 以項目符號標示，讓內容清楚易懂。

此外，在持續進行轉職活動的這段時間，我發現要讓人覺得履歷表容易理解，還有一個重要的關鍵。那就是「職務概述」。

過去的我，會在這個部分寫出所有的工作經驗，包含和應徵工作的職業種類關聯度並不高的資歷，也都一併完整的列出。

然而，職務概述是要放在履歷表中最顯眼的位置，所以在這裡寫上與徵才內容匹配的經驗，才能更吸引招募負責人的目光。

**【寫職務概述的重點】**

- 與徵才內容關聯度較無關的工作經歷要簡略帶過，或是直接省略。
- 具體的描述自己希望強調的經驗和技能。
- 整理成易於閱讀的格式。

我有位朋友從銷售工作轉職到零經驗的業務工作，以下我就以他為例。

**【職務概述】**

大學畢業後，在○○股份有限公司從事銷售工作八年左右。

**【可發揮的經驗】**

・接待客戶、處理客訴（面對面、電話、電子郵件）。
・店鋪營運經驗（人事、勞務管理、行程管理、銷售額管理、庫存管理）。
・使用 Excel 進行銷售額數據分析、製作計畫書等工作（格式製作／VLOOKUP 函數等）。
・用 PowerPoint 製作簡報（店鋪布局資料、公司內部手冊、會議資料）。

**【實際成果】**

・仔細聆聽顧客的需求，同時進行提案，致力於提供符合每位客戶需求的服務，達成○○區域內的銷售額前三名。

聽我這位朋友說，雖然他在銷售工作中執行電腦業務的比例不算高，但感覺似乎可以展現的經驗，都要確實寫得引人注目。這一點真的非常重要。

## ■重點三：根據各家公司來修改履歷表

在履歷表的雕琢方法中，最有效的策略是「根據各家公司來修改履歷表」。我會先想像公司需要的人物形象，再思考履歷表的概念。例如，在查看徵才要求時，我會這樣想像應徵職務所需要的特質：

- 對數字敏感，擅長使用 Excel。
- 擅長依照計畫推動工作。
- 責任感強。
- 不怕重複例行的工作。
- 擅長檢閱確認，錯誤少。
- 能夠和其他部門協作。

接著，再從這些特質中找出自己符合的部分，並如下構思概念：

**【概念】**

「一個擅長使用 Excel、工作細膩，並且具備溝通能力的人」。

我會根據這個概念來調整履歷表的文字內容。如果你是一個經歷強大、工作高水準的人，就算用同一份履歷表來應徵所有公司，或許還是會有很多人搶著要你。但對於我這樣有工作空窗期、經歷薄弱的人來說，在不違背事實的情況下精心雕琢展示方式是相當重要的。

雖然覺得有點麻煩，但透過這些精心的設計，過去完全無法通過評選的文件居然全數過關！實在太讓人驚訝了。

## ■重點四：建議先寫下離職原因

在職務經歷中，我們可能有頻繁跳槽、短期離職、空窗期長等情況，這些事實會被招募負責人認為搞不好有問題，感覺頗心虛的，對吧？

面對這種情況，有個有效的方式可改善對方對我們的印象——在履歷表中寫出過去工作離職的原因。不過，請避免使用「負面」的離職原因。

我的做法是：「**在應徵的公司裡解決不了的問題，就不要當作離職原因說出來。**」、「**負面的離職原因，要以積極的方式收尾。**」

上述這兩點，是我一定會留意的。根據不同情況，某些事最好不要在履歷表中提及。舉例來說，人際關係的問題很可能也會在下一家公司發生，所以書寫方式就需要多加琢磨。

如果你判斷應該寫出另一個離職原因，或是在面試時直接陳述更加適合，那就不要寫在履歷表中，選擇在面試時說明更可避免衍生誤會。

**【離職原因的書寫範例】**

- 強烈希望在〇〇領域貢獻所長，因此決定離職。
- 希望在能夠專注於每一項工作的環境中工作，因此決定離職。
- 因結婚搬家而離職，在工作空窗期間取得了〇〇資格證照。

- 非常期待在團隊共同創造成績的環境中工作，因此決定離職。
- 由於每個月加班六十小時已成常態，我希望在最佳狀態下工作，因此決定離職。

我曾經實際請教過一位從事招募工作的朋友，問他關於在履歷表中寫出離職原因的看法。

果然，這位朋友也認為：如果能寫出能讓人接受的離職原因，可以展現出應徵者的人格特質，給人留下良好的印象。

**作者的領悟**

面試官看的不是僱用條件，而是「你做了什麼」。

# 03 怎麼回答棘手問題

小學時期我的綽號是「番茄」。因為我在眾人面前說話時，容易臉紅，所以才有了這個綽號。容易緊張的性格，即使長大了也沒有改變。

在這次的轉職面試中，我被問到過去的經歷，因為回答得非常不流暢，結果失敗。但是，這並不是因為我對自己的經歷沒有信心，而是因為我準備得不夠充分。

**準備不足，會導致自信心下降**。當有人說自己在面試時缺乏自信，我認為準備不足可能是主要原因之一。

雖然每個人都想逃避自己的缺點，但坦誠的承認自己的缺點，並努力克服它們，這樣一來，面試官就不太可能會問你不想回答的問題了。

## 不光彩的經歷，要這樣傳達

當你被問到自己感到沒自信的經歷時，該如何回答？這是有訣竅的。關鍵就在於「最後一定要以積極的方式收尾」。

無論怎樣的經歷，都一定會有能夠獲得的東西。在面試時，你應該將這些收穫傳達給面試官。

### ■解釋工作空窗期時

因工作繁忙，未能及時做出職業規畫，為尋求更具發展前景的職業，我

決定離職。（狀況）

離職後，我先重新審視自己的職涯和未來。接著，為了就職後能夠更快的做出貢獻，我學習了○○。（措施）

在這段期間，我希望發揮自己的○○、挑戰△△的想法越加強烈，因此決定應徵貴公司。（積極的結尾）

**■解釋短期離職時**

在之前的工作場域，我每天都獲得寶貴的經驗。但由於○○的緣故，我更加強烈的希望能夠▲▲。（狀況）

我提出導入○○的建議，但公司的政策難以施行，因此即使會導致短期離職，我也希望做出不讓自己後悔的選擇，於是決定離職。（措施）

○○的部分，是我入職前沒能處理好的自身失誤。經過這次反省，今後我將更努力的工作，為公司做出貢獻，因此決定應徵貴公司的職務。（積極的結尾）

**■ 解釋離職時**

在○○（例如環境變化、業務負荷等）的狀況下，我希望盡可能的為公司貢獻所長，卻因為過度努力而搞壞了身體。（狀況）

儘管我向主管商量過要○○，但狀況沒能馬上改善，因此我選擇了離職。現在我已經恢復健康，能夠在控制身體狀況的前提下正常工作了。（措施）

離職讓我有機會面對自己，我希望轉職到能夠長期工作的環境，因此應徵這份工作。（積極的結尾）

面試時撒謊是不對的，但我也認為**不需要坦白說出所有事情**。

此外，**「不要流露出心虛的情緒」也很重要**。即使有工作空窗期或短期離職，也完全不代表你做了什麼壞事。「因為這是自己做出的選擇，雖然會反省，但我並不後悔。」只要你用這樣的態度來平淡的表達，對方也會願意接受你的說法。

不只是「說什麼」而已，「怎麼說」更加重要。

## 如何提出難以啟齒的問題？

要直接問出「請問貴公司的加班時間有多長？」實在讓我們有點為難，對吧？雖然我們都希望能夠很自然的問出來，但現實情況卻辦不到。在面試時要提出自己真正想知道的問題，是非常困難的。

「在面試時問自己在意的事情，好像會被認為工作意願不高，所以不敢問……」我經常聽到這樣的顧慮。

經歷過多次面試，我終於找到了**提出難以啟齒的問題時的要訣**。**那就是「先表達自己的想法」**。

在面試官認為你工作意願不高之前，就先宣告「我將以這樣的想法（意圖）來提問」。如此一來，就不會讓面試官覺得你只是想問問題而已，而是「因為對工作有具體的想法，所以才提出實際問題」。讓我來介紹幾個具體範例吧！

**■加班時間都多久呢？**

我擅長思考提高工作效率的方法（自己的想法），團隊的加班時間是否因人而異？／旺季大約在什麼時候？（核心問題）

**■人際關係如何？**

我希望能夠盡快融入工作環境（自己的想法），能否告訴我所屬團隊的男女比例，以及工作的氛圍如何？／您認為怎樣的人比較容易融入團隊呢？／在貴公司表現出色的員工，通常都是怎樣的人？（核心問題）

**■容易請特休嗎？**

保持工作與生活的平衡，可以讓我更有效率的投入工作（自己的想法），

請問除了旺季之外，大家能否依自己的時間來安排休假？（核心問題）

**■工作都如何進行？**

在前一份工作，我經常一邊和主管、相關人員商量討論，一邊自行主導工作、推動工作進度（自己的想法）。這個職位是否也會以類似的方式來進行呢？（核心問題）

**■工作內容為何？**

我查看了徵才條件，了解到這個職位是以〇〇業務為主，藉以實現〇〇目標（自己的想法）。請問我的理解是否正確呢？／如果方便的話，能否告訴我各項業務的大致比例？（核心問題）

**■能否兼顧照顧小孩？**

我希望在工作中取得成果，同時盡可能在貴公司長期工作（自己的想法）。在貴公司表現傑出的員工或管理職當中，是否有人有小孩？／這些人是如何安排工作的呢？（核心問題）

**■會調薪嗎？**

我認為，工作成果獲得合理的評價，對於提升自身的動力非常重要（自己的想法）。請問加薪、晉升的必要指標有哪些？／通常在最快的情況下，轉職後多久可以被加薪、晉升？（核心問題）

**■能與團隊成員交流嗎？**

我希望能長期在貴公司工作，並且貢獻所長。為了達到這個目標，人際關係是非常重要的（自己的想法）。即使一小段時間也無妨，若您方便的話，能否給我一個與團隊成員談話交流的機會呢？（核心問題）

就像這樣，我先表達自己的想法、再提問，面試官就不會露出不悅的神情，回答問題的機率也大幅增加了。

要在面試時看清一切是很困難的。而且，也很少有公司能完全符合自己的期望（我是沒遇過啦……）。

但是，在入職前了解與不了解細節條件、工作氛圍，兩者間的差異非常大。透過這樣的提問，你就可以降低合不來的風險。

作者的領悟

只要在面試時解決在意的問題，就能降低入職後合不來的風險。

## 心境的轉換

### Before

- 因為沒什麼經歷，所以求職不順利。
- 存款見底的全職家庭主婦。

### After

- 調整自我介紹方式，履歷和面試都通過了。
- 從符合期望條件的 3 家公司獲得錄取通知。
- 成為年薪 600 萬日圓的全職正職員工。

第 7 章

# 無法換工作，就換心境

# 01 剛進公司就想辭職

終於，我拿到了睽違四年的正職員工職位。

年薪六百萬日圓，雖然是全職工作，不過加班量似乎是可以控制的。員工有九〇％以上都是中途招募，辦公室的氣氛自由開放，我既興奮又期待。

事情真的可以進行得這麼順利嗎？這難道就是人生額外的幸運時光？如此不切實際的幻想只維持了一下下，隨後我就迅速的被拉回了現實。

欸……？工作內容，跟我想像的不一樣！

徵才廣告中寫的主要工作是「數位行銷業務」。面試時，對方也是這麼說的。但進了公司才發現，我有不穩定的系統 Bug（程式錯誤）需要處理，還有許多繁瑣的手動作業。

絕大部分的工作內容，都被我最不擅長、細微又需要耐心的工作所占據。工作實在是太無聊……我已經想辭職了。明明在面試時，有仔細詢問過工作內容啊！

根據主管的說法，因為最近公司剛更新了系統，所以大家還不熟悉作業方式。不僅如此，系統不夠穩定，所以錯誤頻發（真的沒問題嗎？）。

嗯，或許這個狀況是無可奈何，但真的太辛苦了。不久之後，我的腦袋裡充斥著「好想辭職」的念頭（是的，如你所見，我沒有耐心）。

話雖如此，我才剛入職而已。

實際上，我每一次轉職之後都是很快的就想要辭職（有人跟我一樣嗎？）所以，我決定先靜下心來，試著梳理一下情況。

## 想辭職時的筆記

剛入職就辭職，實在是很尷尬。然而，就這樣忽視痛苦的感覺持續工作也不好，所以我嘗試根據下頁「想辭職時的筆記」的問題進行思考並記錄下來。

試著寫完「想辭職時的筆記」後，我了解以下兩件事：

- 對於現在的我來說，辭職的壞處更大。
- 我還沒有為了改變現狀而採取任何行動。

雖然現在不擅長的工作一大堆，讓我處於很辛苦的狀況，但為了改變現狀，我決定嘗試摸索自己能做的事。於是，我依照第一八八頁的步驟思考：

## 想辭職時的筆記

| | 問題 | 答案 |
|---|---|---|
| Q1 | 公司本身是否有問題？ | ・我喜歡這家公司，所以只要工作內容能改變，我希望繼續工作。<br>・主管是個理性的人，而且容易溝通，我也喜歡自己負責的產品。 |
| Q2 | 心裡感覺不舒服是環境問題，還是自身問題？ | 這是環境問題，也是自身問題。<br>【環境問題】系統處理占用了大量時間，導致我無法執行原本要做的策劃工作。公司是否應該重新考慮，在能夠提升銷售額的業務上投入更多時間呢？<br>【自身問題】我對於繁瑣、需要耐心的工作感到厭煩。 |
| Q3 | 目前有哪些事是無論如何都無法忍受的？ | 【無法忍受】工作內容中超過 80% 都是我不擅長的工作。<br>【可以忍受】工作內容中只包含少量我不擅長的工作。 |
| Q4 | 克服目前的困境後，會得到什麼收穫？ | 雖然學不到在其他公司派得上用場的技能，但可以獲得這家公司所需的技能。（因為對自家系統更熟悉，所以未來可以在企劃中提供更具體的建議……。） |

（接下頁）

| | 問題 | 答案 |
|---|---|---|
| Q5 | 留在公司有哪些好處／壞處？ | 【好處】工作幾年後，可以作為資歷來展示，也能避免短期離職。<br>【壞處】如果情況沒有改變，就會持續在痛苦中工作。 |
| Q6 | 現在的情況有可能改變嗎？ | 有可能改變（因目前還沒有和任何人商量過）。 |
| Q7 | 如果辭職，是否能找到新工作？ | ‧因為「長期空窗→短期離職」，所以可能會比前一次轉職更困難。<br>‧重新應徵工作時，可能會有一些條件非妥協不可。<br>‧即使在其他公司，也可能會遇到「進去後才發現和預期不同」的情況。<br>‧重啟轉職活動是非常辛苦的。 |

**步驟一**：以做一個「不麻煩的人」為目標。

↓

**步驟二**：不感到勉強，也能夠表現出色。

↓

獲得周遭的信任，意見更容易被大家接受。

我的想法是：只要意見能夠更容易被接受，就可以讓工作環境朝著更容易執行的方向去改變。

## 以做一個「不麻煩的人」為目標

首先，我決定以「成為不麻煩的人」為目標。

在第一家公司工作時，我意識到自己在同事眼中可能是個麻煩人物。原因只要想像一下就懂了，職場上麻煩人物都很容易被周遭的人疏遠，對吧？這樣的人不僅難以被委任工作，說出來的意見也不容易被接受。他們很難以夥伴的身分融入團隊。

要突然變成一個能幹的厲害人物很難，但如果是先做一個不麻煩的人，這個目標就比較容易追求了。就這樣，即使心裡覺得工作很無聊，我還是決定專注於成為一個不麻煩的人。

那麼具體來說，不麻煩的人是什麼樣子呢？我意識到有以下三點：

**第一，即使對公司的現狀、規定感到不滿，也不要試圖強行改變，而是先暫時不去干涉。**

剛到職的員工如果否定了公司現有的工作方式，說什麼「你們還在用這種方法做事啊？」或者提出「我們應該有更多的團隊溝通！」這種積極的建議，應該會讓人感覺很受不了吧？

順帶一提，我在第一家公司約莫三個月就展現出這種個性，實在是個討人厭的傢伙。當時，公司裡瀰漫著死氣沉沉的氛圍，我居然還給自己設定了一個目標：「雖然工作能力不足，但我至少要營造快樂的工作氛圍！」這根本是天大的笑話。現在回頭看，還真是有一點恐怖（笑）。

我意識到，即使現在對公司內部的謎樣規則、難以理解的現狀感到驚訝，都得選擇不發表任何意見，先接受這些情況。

**第二，不做「時間小偷」**。

「麻煩人物」往往會成為「時間小偷」。

沒錯，這也是過去的我。我會巴著忙碌的前輩不放，毫不在意對方的日程問問題，或是寄送沒有重點、囉嗦冗長的郵件，因此經常被主管責備。

從此以後，我開始意識到以下這幾件事，這些都是我在教別人工作時，希望對方可以做到的事：

・盡量把問題整理好再詢問。
・能自己查的問題，要自己查。
・寫郵件或商量事情時，要從結論開始說起，避免內容太冗長。
・已經學過的東西，務必要記錄下來。

**第三，即使有其他想法，也要先做好眼前的工作。**

我的個性很容易對無聊的工作感到厭倦，想要馬上放棄。儘管如此，我依然會努力專心處理被分配的工作，並且鼓勵自己做好每一件事。

完成被委任的工作、遵守期限交件，這些小小的累積將獲得周圍人們的信任。這些雖然是理所當然的事，但你是否不經意的忽略這些細節了呢？

累積好這份「信任存款」，將來會有很多好處。當你遇到困難時，就會有人幫你，或者在談判某事時聽取你的意見。隨著時間推移，這些幫助會在你需要的時候到來。

## 不感到勉強，也能夠表現出色

在第一家公司裡，我確實是個什麼都做不好的人。當時進了一家跟自己磁場不合的公司，其實也是原因之一。

我非常討厭自己做不來的工作，甚至懷疑自己是否根本不適合工作。那些工作能力強的人和我之間，究竟有什麼差異呢？

「是不是不夠努力啊？」我曾試著這麼思考，但還是想不明白。不過，在我觀察了身邊工作能力強的人之後，就發現了某件事——**工作能力強的人未必是厲害的人**。他們可能不細心、容易忘東忘西、有自己不擅長的領域，也有搞不懂的事情（當然，偶爾也有真的像超人一樣強的人啦）。不過，工作能力強的人，總是能以更大的格局、更長遠的眼光來看待事物。

我具體思考了自己和他們之間的主要差異：

**第一，不讓對方期待。**

觀察那些工作能幹的人，我發現他們會這麼說：

「由於這是公司內部查看的資料，所以我就簡單的整理成這種格式。」

「我會在〇日前，以這種程度的感覺來提出報告喔。」

諸如此類，工作能幹的人會事先宣告「自己能完成的工作水準」。他們會告訴對方：「這次我會以這個程度為目標」。這種做法被稱為控制對方的期待值。要是你什麼都不說就開始工作，就不會知道對方的期望值。

如果你一開始就被過度期待，為了滿足這份期待，可能就必須完成相當高品質的工作，這樣會有點辛苦。

所以，事先就說「我能做到這種程度」來降低期望值，讓對方覺得「咦？比預期的要好呢」，不僅更能讓對方高興，也不會給自己施加太大的壓力。為了不勉強自己，也能夠表現出色，這一點非常重要。

降低期待值的方法有以下幾種：

■**共享工作目標**

・「速度」和「品質」哪個更重要？

・怎樣的形式更好？

■**先告知無法做到的事**

・如果說「做得到」，後來卻又說「做不到」，會讓對方非常失望。

■**傳達可處理的程度**

・事先解釋自己能夠處理到什麼程度，以及這麼說的理由。

■**事先設定較寬鬆的期限**

・設定絕對能夠完成的期限，並提早提交成果，對方的滿意度就會提高。

第二，**在可以省力的地方徹底偷懶**。

曾經是「無法勝任工作」的我，過去一直誤解一件事。

我以前一直相信：「只要花時間努力，就能做出好的工作成果，並且得到認可。」但悲哀的是，**儘管我付出很多時間和精力，卻沒有得到周圍人的**

**認可**。

過去我都沒有思考哪個才是最重要的，所以時間分配得很差。結果就是我花了很多時間，卻偏離了重要的關鍵。另一方面，當我觀察那些工作能力強的人，發現他們做事時往往不是事事都做到完美，而是懂得抓重點。

我最近在工作上做了一些小調整，現在大概用七〇％的力氣就能完成以前的工作了。例如：

## ■思考最低要求是什麼？

- 比起自以為是的完美，更專注於滿足委託者的要求。
- 當委託者的要求過高，自己感覺做不到時，就要事先降低期望值。

## ■當工作堆積如山，就先詢問對方優先順序

**傳達方式**：我現在有A、B兩項工作，請問哪一項的優先順序較高？如果A工作需要優先處理，B工作的期限能否調整到〇日之前呢？

**■決定哪些工作可以省力**

**傳達方式：**為了達到更好的效率，我將重點放在〇〇工作上，並做以下簡要記錄。

**■由其他人處理會更快的工作，就請他們代勞**

**傳達方式：**〇〇會由我來處理。不過，△先生的聯絡事宜由□先生做會更快，請問是否可以麻煩他處理呢？（這並不是強迫對方，而是將「提升整體效率的觀點」作為協商理由。）

## 說服他人接受「我不喜歡這份工作」的方法

**步驟一：**以做一個「不麻煩的人」為目標。

**步驟二：**能夠不勉強自己，且表現出色。

執行後，我終於實際感受到周圍的人變得「依賴」我了。因為我感覺，自己成了主管、團隊成員口中「這個領域的事只要問田中，就可以獲得解答」這樣的存在。建立了信任關係，自己的意見或許就能獲得支持。

「差不多是時候告別眼前的困難工作了！」我決定大膽的跟主管進行談判。我意識到的重點是：**必須以「對公司有利的方式」來傳達這個想法**。因為如果直接說「我不想做被委託的工作」，會給人留下自私的印象。

在第一家公司時，我就是以「工作做不好、很痛苦」為理由申請調職，結果被主管以「工作三年後再說吧」給回絕了。所以，這次我嘗試以這樣的方式進行談判：

■**問題點**（不以個人觀點表達，而是從公司的角度陳述問題點）

因為被處理系統錯誤、手動作業這類事務所困擾，我無法專注於和營業額直接相關的行銷工作。

**■提案**

我希望專注於行銷工作。所以，希望公司將處理系統錯誤、手動作業這類事務外包。

**■理由**（對公司有利）

因為這可以更有效的擴大營業額。

**■附加要點**

行銷工作更能發揮我過去的經驗。此外，我自己也想在行銷方面為公司做出貢獻，為了維持工作動力，我希望改善目前的狀況。

結果，主管居然就答應了。讓我再次體會到，獲得信任有多麼重要。

經過一番波折，我被交派的業務外包出去了。就這樣，我終於能夠專注於原本的行銷工作了。

但回顧這一段經歷，當時那些痛苦的工作也並非徒勞無功。能夠掌握整個系統對工作很有幫助，也讓我獲得「這個人可以做出正確判斷」的評價。

作者的領悟

猶豫是否要辭職時，可以試著先考慮辭職後的情況。

# 02 沒有優勢，依然可以有選擇

「Komutaro 小姐，要不要升任管理職？」

任職大約一年後，主管在一對一會議上突然對我提出了這個建議。

「因為妳已經在幫我掌管團隊成員，而且根據工作表現，妳不擔任管理職太奇怪了。」看來他已經向高層提出了這個建議。對此我心存感激，我認為入職短短一年就能獲得升遷，主要有以下兩個前提：

- 公司業績大幅增長。

・我在公司的成長型部門工作。

我深刻的感受到，年薪真的會因為公司不同而有巨大的差異。只要升遷了，我的年薪就會增加一百五十萬日圓左右。

面對這個邀請，我沒有理由拒絕（畢竟我可是因為存款見底才重返職場的）。因此，我的年薪從到職時的六百萬日圓，在升任管理職之後，又增加到七百五十萬日圓。我也能夠轉為做自己想做的工作，過著十分理想的公司生活。

我說出這個故事，並不是要表達「雖然曾經做不好工作，但最後我還是變得很厲害」。

我一直在為自己的工作能力不足而苦惱，曾經當過「糟糕的員工」，但之所以能在工作中表現出色，並不是因為經歷了奇蹟般的華麗變身，而是「正因為我無法改變原始的自己，所以才選擇改變了環境」這一點才是最重要的原因。我偶爾會想，如果當時自己在第一家公司適應不良，卻又一直停滯不前，現在會變成什麼樣子呢？

你是否就像當時的我一樣，也正在為工作做不好而煩惱？或許，那只是因為你「還沒有找到適合的工作」罷了。

## 沒有優勢，依然可以選擇

「我沒有任何優勢，所以只能在現在的地方工作。」

「我在現在的公司做不好工作，所以去任何地方也一定都會失敗。」

如同前述這些想法，我也曾經在第一家公司裡認為「只能接受這個環境了」，然後持續忍耐工作著。正在閱讀本書的你，或許現在也像當時的我一樣持續忍耐著吧？

但其實，你是有選擇的。實際上，你可以嘗試尋找新的工作、暫時成為無業狀態、試著去上學、做副業……你有非常多的選項，即使現在的環境艱難，「留在原地工作」也是你自己選擇的，對吧？

明知如此，你還是缺乏自信，沒有勇氣採取行動，或是覺得自己無法像其他人一樣成功，且為了生活必須忍耐，沒錯吧？

生活中確實有很多事情需要面對。在選擇工作的過程中，也有很多不得不做的妥協。但，那些妥協，真的是自己思考後，情願做出的選擇嗎？還是為了某種需要，不得不做，而忽略了自己的想法？

我在每一次的轉職，都會在得到一些東西的同時，放棄一些其他的東西。然而，這些放棄都是經過深思熟慮才做出的選擇，所以我並不後悔。

## ■第一次轉職

【放棄】優質公司的條件。

**【選擇】**利用工作建立自信。

**■第二次轉職**

**【放棄】**正職的穩定感。

**【選擇】**時間和新的經驗。

**■第三次轉職**

**【放棄】**以家庭為重的生活。

**【選擇】**正職和金錢。

每個人對於什麼是無可奈何的定義都不同。但是，**對於那些不喜歡卻又不得不做的事，我希望你別輕言「沒辦法」就直接放棄，而是要為了自己去做些什麼。**

這麼講雖然有一點自以為是，但正因為我過去總是輕易說出「沒辦法」就放棄一切，所以特別想要傳達這一點——我是真的這樣想的。

**作者的領悟**

**對於那些不喜歡卻又不得不做的事，不要輕易放棄，要努力克服。**

## 心境的轉換

### Before

- 工作跟原本想像的完全不同，非常痛苦。

### After

- 累積信任後進行談判，工作變得更加輕鬆。
- 任職一年後晉升，年薪提高到 750 萬日圓。

# 第 8 章

# 決定不做什麼，選項變多

# 01 我決定放棄全職上班生活

第七章之前，我都在講述自己過去的故事。從這裡開始，請允許我談談現在的工作方式。

曾經那樣夢寐以求、工作輕鬆、感覺舒適的公司，最終我還是決定離開了。原因是我開始在內心累積了這些抱怨：

- 早上一起床，就被時間追趕。
- 平日幾乎都在工作。

- 直到孩子入睡，都在忙著處理家事和照顧小孩。
- 和孩子相處的時間不夠，感覺悶悶不樂。
- 就連到了週末，也覺得自己沒真正休息到。
- 需要向丈夫爭取有限的自由時間。
- 對工作也有點厭倦了。

雖然我列出了這些因素，但說實話，我對公司並沒有太大的不滿。只是對我而言，每週五天的全職工作實在是太辛苦了。

這樣的生活方式在現代社會中並不罕見，對吧？雖然我的工作型態主要是遠端，當時可能有不少人覺得我算是幸運的了。

可是，對於原本體力就不好、耐受度有限的我來說，被時間追趕的生活還是一個巨大的壓力。

因此，為了增加自己的自由時間，我決定不選擇「轉職到另一家公司」，而是成為一名以「委託接案」形式工作的自由工作者。

這次，我放棄了「全職上班族」這個選擇。

## 自由業未必等於能夠自由工作

一直以來，我對自由工作者都有一種可以自由工作的印象。但在進一步了解後，我才發現：根據不同的狀況，公司員工的自由度可能會更高。

即便是自由工作者，有些人每天工作超過十小時，幾乎沒有休息時間。相對的，也有些公司職員可以選擇彈性工時、每週四天的工作模式，反而能較為自由的工作。

自由工作者中，有不自由的人；公司員工裡，也有不受公司束縛的員工。

換句話說，對於我這種想要自由工作的人來說，重要的並非「框架（僱用型態）」，而是「內容（工作方式）」。

「該放什麼到『自由工作者』這個框架裡呢？」這個問題讓我非常煩惱，最終我得出的結論是：我最希望「以時間的自由度為優先」。因此，我將「受工作時間綑綁的工作」比例盡量減少。

在此，我要與你分享，自己在嘗試過自由工作者的工作方式後，具體感受到的優點和缺點。

**■優點**

- 可以選擇工作時間、地點。
- 可以選擇工作內容。
- 人際關係的困擾較少。
- 可以睡午覺。

■ **缺點**

- 穩定性較差，社會信用度低。
- 很難接到沒做過的工作類型。
- 不容易提升技能。
- 人脈難以拓展（環境不像公司員工那樣，可自然的拓展人脈）。

即使有這些缺點，但對於現在的我而言，能選擇工作時間，還是大大緩解了我在公司員工時期的焦慮。

作者的領悟

**重要的不是僱用形態，而是找到適合自己的工作方式。**

# 02

# 你呢？你想放棄什麼？

「我不擅長適應變化，所以在變化少的環境中穩定工作，會讓我感到很安心。」某位朋友曾對我這樣說，「雖然對工作感受不到熱情，但現在的穩定狀態最讓他安心。」所謂可以放棄的東西，原來每個人都不一樣呢。

美國心理學家艾德．夏恩（Edgar H. Schein）提出了一套職涯形成的概念，稱之為「職涯錨定（Career anchors）」。

這個概念是指每個人在工作中都有無法妥協的價值觀。藉由掌握自己的「錨（工作價值觀）」，我們就能更容易的選擇讓自己滿意的工作方式。

做完這一套可了解職涯志向的診斷測驗，我發現自己在工作中最重視的價值觀是「自律、獨立」。

正因為我在工作中不可妥協的軸心是「自律、獨立」，所以在組織中依照固定時間、規定的業務內容來工作時，就很容易感受到壓力。這一點我覺得非常有道理（上網搜尋「職涯錨定測評」，就可以找到相關資料）。

從開始有辭職的念頭，到真的付諸實行，我猶豫了半年以上。然而，當我勇敢的辭職後，自己能夠掌控的時間就增加了，我目前對此很滿意。

## 因為工作無法持續，所以我放棄繼續

一直以來，我都是一個非常容易感到厭倦的人。無論什麼工作，只要我做滿一年左右，就會逐漸感到厭倦，並考慮辭職。這一點在我國中、高中時期的社團經歷就可以證明了。

所以，不管換了多少次工作，我從來沒有想過「把這次當作最後一次」，就算未來可以找到一份更好的工作，我想我還是會這樣。

對於這樣的自己，我一直有些自卑。但最近我的看法改變了，我開始認為不必非得長期做一份工作。因為，做不到的事就是做不到。而且，我這樣的工作方式還可能成為未來的常態。

有一份報告書，名為《工作方式的未來 2035》（働き方の未来 2035）。這份報告是由厚生勞動省主導，總結了二〇三五年左右工作方式的討論。報告中提到以下幾點：

「企業組織內外的界限變得模糊，企業組織過去類似『正職員工』那樣擁有人才的模式，將面臨變革的壓力。」

「根據在企業內任職的時間長短、有無僱用保障區分『正職員工』與『非正職員工』的做法，將不再有意義。」

「此外，兼職、副業甚至多職業將成為常態。許多人可能會同時兼職多份工作，並藉由這些工作來形成收入。」

（摘錄自《工作方式的未來 2035》）

我原本以為是自己主動選擇了現在的工作方式，但說不定也是因為大環境的趨勢，才讓我看到了這樣的選擇。

**作者的領悟**

**只要時代改變，工作方式也會改變。**

# 03 斜槓人生，滿足我容易厭倦的性格

像我這樣容易厭倦的人，目前從事的是「多方嘗試各種工作」這樣的工作方式。

辭職後，我現在每天用四小時至六小時的時間，從事以下幾種「接案委託」形式的工作：

- A公司：之前工作的公司的相關工作。
- B公司、C公司：中小企業的數位行銷顧問。

・Ｄ公司：提供諮詢服務的工作（完全沒有經驗）。

這樣的工作方式也有一個目的，就是分散收入來源。不同的工作需要不同的腦袋，所以在切換工作時會遇到一些困難，有時候工作太多，會導致必須花更多的時間來更新知識，這些都是缺點。

但儘管如此，這讓容易厭倦的自己，找到了不易厭倦的工作方式，我非常喜歡這樣的模式。

## 在工作中學習

「咦？時薪一千一百日圓？這也太辛苦了吧！」

當我談起自己剛開始的零經驗工作時，這就是朋友們的反應。他們會這麼說，我非常可以理解。如果聽到時薪只有這個數字，我自己也會不想去做那份工作。但，這是我刻意放棄收入的結果。相對的，我期待能夠拓展未來更多的可能性。

無論是成為自由工作者之前、或是現在，我在選擇工作時最重視的一點就是，能否拓展未來的可能性。

也許是因為從學生時代開始，我就長時間處於「工作時派不上用場」的狀態，所以我對於拚命工作、職涯升遷都沒有強烈的動機，但對於「希望成為不會沒飯可吃的人」這件事的渴望卻是相當強烈。

正因如此，我以一種正在修行的心態來看待自己一邊賺錢、一邊學習的過程。然而，僅僅依賴這一份工作來養家糊口，仍然令我惴惴不安。

之所以可以選擇低於市場行情、時薪一千一百日圓（D公司）的工作，也是因為A、B、C公司的工作能讓我發揮過去的經驗，並將其收入作為主要收入來源。

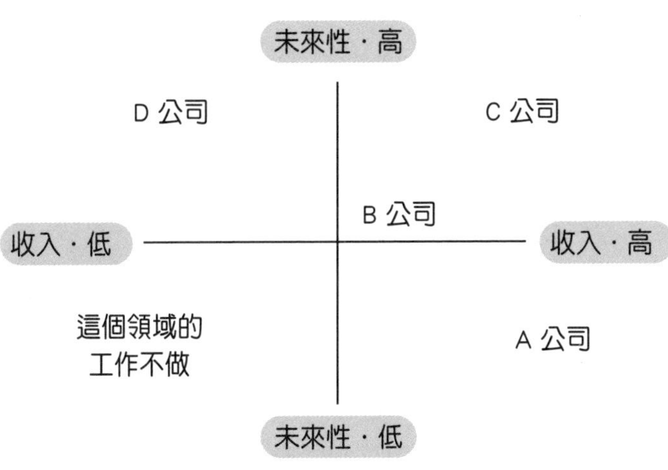


▲有了收入的支柱，才能挑戰新工作。

## 尋找嶄新工作的方法

那麼，當我們想嘗試新工作時，究竟應該如何選擇才好呢？

為了拓展未來的可能性，以下分享一些我在展開零經驗的工作時意識到的方法：

### ■首先嘗試各種工作

這聽起來很基本，但我認為這就是最好的方法。說來理所當然，世界上有非常多你沒做過的工作。但對於沒做過的事，確實很難判斷是否適合自己。

從以前開始，我就一直覺得自己不討厭寫文章。但當我嘗試從事網路寫手的工作時，才發現這個工作讓我非常痛苦。

因為在寫作過程中，我必須遵守繁瑣的規則、創作符合關鍵字的文章、使用正確的日語、避免錯漏字……諸如此類，需要注意的事非常多。經過嘗試後，我才察覺到自己粗枝大葉的性格並不適合這份工作。

如今副業越來越普遍，我們比以前更容易「稍微涉獵一下新工作」。我也有許多認識的朋友，目前都正在挑戰新的工作領域。

- 有人做了幾年的接待工作，而後經歷五年以上的空窗期，接著挑戰了在家辦公的業務工作。
- 有人自學網頁設計，並且開啟了副業。
- 有人從零開始做網路寫手，並將其發展成為本業。

這些人的共通點是：**他們都嘗試了各式各樣的工作。在這些嘗試中，他們找到了一份適合自己的事業，並且繼續下去**。

此外，為了能夠持續執行，「不感到痛苦」也是相當重要的。因為本來就很忙了，還得在寶貴的私人時間裡繼續做不想做的事，這是很困難的。

## ■ 不超出自身能力範圍

剛成為自由工作者時，我從未做過還在學習階段的工作。因為過去都只接自己有經驗的工作，我當時為了「能力沒有增長」而感到焦慮。

和公司員工時期不同，如果我沒有主動學習，就難以提升技能——這就是自由工作者的難處。但也因為自己原本就耐受力不足，我也無法勉強開始新的工作。

就在這時，我接手的一個案子突然被客戶中止了，多出了一點空閒時間。這讓我有了嘗試從未做過的工作的想法。

**當我們想要開始做某件事卻無法開始，最先需要做的就是：刪減一些現**

**在正在做的事，為新的目標騰出時間和精力。**

如果你是像我這種時間、精力都很有限的人，為了保持充足睡眠和健康，也為了守護重要的事物，或許也可以先試著思考「能夠刪減什麼」。

## ■拋開自尊

雖然我明白，第一次嘗試新工作，就獲得成功，或是賺得豐厚的收入，這樣的人不可能存在。我明明知道這個道理，但當我真正要開始新工作時，仍會因為年齡、經驗、收入等因素，而感到自尊心受到打擊，心想：「這樣的工作，我做起來真的合適嗎？」

然而，要挑戰新事物，關鍵就在於「必須拋開自尊」。那些能拋開自尊的人反而是最強大的。

只要拋開了自尊，視野會變得更廣、對失敗的恐懼會減少、能夠向前邁進……諸如此類的好處多多。

## 給自己多一點肯定

我是一個容易忽視自己感受的人。我以為只要做大家認為正確的事，人生就會一帆風順，所以一直跟著別人走。然而大家認為正確的事，不一定就是對自己好的。所以，能否自我肯定才是最重要的。

雖然每個人都有不同的生活方式和價值觀，但如果只把進入好公司、升職、至少工作三年等「社會上的成功」和「不脫離社會」當成唯一的正確答案，就會覺得活得越來越辛苦。就算曾經短期離職、失業、頻繁跳槽也沒什麼好擔心的，我真心這麼想。

只要你別太在意別人的眼光，就會發現其實有很多選擇。雖然我還是會忍不住想找個標準答案，但每次迷茫時，我都會提醒自己這個道理。

現在的我已經超過三十五歲了。奇妙的是，我對於年齡增長並不感到恐慌。因為年紀越大，經歷越多，就越覺得自己能做的事更多了（在我身邊，也有一些年齡比我稍長的優秀人才）。

展望未來，我打算在這有限的範圍內衡量自身能力，以「雖然疲憊，但反正都得工作嘛」的心態，從容不迫的繼續往前邁進。偶爾休息一下，如果有想要行動的感覺，那就嘗試去做。在不斷重複這些事情的過程中，我只需記住一件事情，那就是要好好的問自己：「我現在感覺怎麼樣？」、「我想要做什麼？」

作者的領悟

即使脫離社會，也可以找到出路。

## 心境的轉換

### Before

- 生活被時間追著跑，感覺精疲力竭。
- 對工作也有點厭倦了。
- 想要選擇工作時間。

### After

- 放棄公司員工的身分，轉職為自由工作者。
- 已經能夠控制自己的時間了。
- 透過多方嘗試各種工作來拓展自己的可能性。

# 結語
# 放棄完美，人生更完美

「這麼一個名不見經傳的人寫的書，會有人願意讀嗎？」

這句話是大和出版社向我提出書籍出版邀約時，我心中最先浮現的真實感受。人生至今活了三十多年，對於自己「什麼都不是」這一點，我是有深刻體會的。

儘管我因為轉職而讓年薪有所提升，但也不是以「公司員工」的身分賺到年薪千萬。明明我沒有特殊才能，世上也還有很多比我更優秀的人，自己卻要出一本關於工作方式的書，這真的有意義嗎？

每次要做自己沒做過的事，我的腦子都會被這種消極的想法占領，因而感到惶惶不安。「因為會失敗、會受傷，所以我還是別做比較好」……另一個自己，總在我耳邊如此喃喃低語。書中也寫了，這就是標準的思維偏見。

出書的人，都必須是某種厲害人物。所以，我以前一直都覺得自己沒有資格出書。這次的出版，也是從打破這種思維偏見開始的。

試著回顧過往的工作方式，我並沒有做出多數人都覺得「好讚喔」的選擇。首先，我的個性容易在感到痛苦時立刻放棄，也有很多能力不如別人。

但仔細想想，正因為做得不好，我才經歷了許多煩惱和迷惘。每天在IG上發布的貼文之所以能夠獲得共鳴，應該也是因為這樣的我吧。

或許正因為我「什麼都不是」，才能夠傳達出某些訊息。這麼想之後，我就鼓起勇氣去做了。我一直都認為，**放棄也是一種接受**。

決定要寫這本書時，我放棄了「創造一本了不起的書」的想法。我決定就以現在這個真實自己的模樣，將想傳達的內容給傳達出來。

當想要開始做什麼事的時候，不管現在的自己是什麼樣子，首先要接納自己，我覺得這是邁出第一步的關鍵。接下來，最重要的事是「從內心尋找答案」。

先接受自己現在的樣子，然後再去選擇自己想要的生活。這樣一來，不管做什麼決定，最後都會覺得自己選對了。

「工作好累」、「一直這樣下去，好煩」、「可是，又不知道該怎麼辦才好」若你有這樣的煩惱，覺得反正人生就是這樣啦，我希望這本書能成為你積極向前的契機。

完美可以放棄，但人生不必放棄。

# 參考文獻


- 《誰說人是理性的！消費高手與行銷達人都要懂的行為經濟學》（予想どおりに不合理 行動経済学が明かす「あなたがそれを選ぶわけ」），Dan Ariely（著），熊谷 淳子（譯），早川書房，二〇一〇年十月。
- 《職涯諮詢理論與實踐 第六版》（キャリアコンサルティング理論と実際 6訂版），木村 周（著）、下村 英雄（著），僱用問題研究會，二〇二二年五月。
- 《自我答案的創造方式— INDEPENDENT MIND》（自分の答えのつくりかた— INDEPENDENT MIND），渡邊 健介（著），鑽石社，二〇〇九年五月。
- 《新版 職涯心理學【第2版】——針對職涯支援的發展性方法論》（新版

キャリアの心理学【第2版】——キャリア支援への発達的アプローチ），渡邊三枝子（著），中西出版，二〇一八年七月。

- 《職涯心理學生活設計工作手冊》（キャリア心理学ライフデザイン・ワークブック），杉山 崇（著）、馬場 洋介（著），原 恵子（著），松本祥太郎（著），中西出版，二〇一八年十月。
- What is your Ikigai?/ The View inside me / The World Changing Blog By Marc Winn https://theviewinside.me/what-is-your-ikigai/。
- 獨立行政法人勞動政策研究・研修機構「VRT卡」 https://www.jil.go.jp/institute/seika/vrtcard/index.html。
- 厚生勞動省「職業資訊提供網站 jobtag」https://shigoto.mhlw.go.jp/User/。
- 厚生勞動省「工作方式的未來 2035」（働き方の未来 2035）https://www.mhlw.go.jp/file/06-Seisakujouhou-12600000-Seisakutoukatsukan/0000133449.pdf。

國家圖書館出版品預行編目（CIP）資料

我只是放棄完美工作，年薪就提高了：沒有專業技能、沒自信、又不想那麼努力，如何找到比現在更好的工作？／小向田路（Komutaro）著；黃立萍譯 .-- 初版 . -- 臺北市：大是文化有限公司，2025.01
240 面；14.8×21 公分 . --（Think；288）
譯自：「ちゃんとした自分」をあきらめたら、年収が上がりました。

ISBN 978-626-7539-26-2（平裝）

1. CST：職場成功法

494.35　　113012754

Think 288

# 我只是放棄完美工作，年薪就提高了

## 沒有專業技能、沒自信、又不想那麼努力，如何找到比現在更好的工作？


作　　者／小向田路（Komutaro）
譯　　者／黃立萍
責任編輯／陳映融
校對編輯／林渝晴
副 主 編／蕭麗娟
副總編輯／顏惠君
總 編 輯／吳依瑋
發 行 人／徐仲秋
會計部｜主辦會計／許鳳雪、助理／李秀娟
版權部｜經理／郝麗珍、主任／劉宗德
行銷業務部｜業務經理／留婉茹、專員／馬絮盈、助理／連玉
行銷企劃／黃于晴、美術設計／林祐豐
行銷、業務與網路書店總監／林裕安
總經理／陳絜吾

出 版 者／大是文化有限公司
臺北市 100 衡陽路 7 號 8 樓
編輯部電話：（02）2375-7911
購書相關資訊請洽：（02）2375-7911 分機122
24小時讀者服務傳真：（02）2375-6999
讀者服務E-mail：dscsms28@gmail.com
郵政劃撥帳號：19983366　戶名：大是文化有限公司

香港發行／豐達出版發行有限公司 Rich Publishing & Distribution Ltd
地址：香港柴灣永泰道 70 號柴灣工業城第 2 期1805 室
Unit 1805,Ph .2,Chai Wan Ind City,70 Wing Tai Rd,Chai Wan,Hong Kong
Tel：2172-6513　Fax：2172-4355
E-mail：cary@subseasy.com.hk

封面設計／初雨有限公司
內頁排版／陳相蓉
印　　刷／緯峰印刷股份有限公司
出版日期／2025 年 1 月初版
定　　價／新臺幣 390 元（缺頁或裝訂錯誤的書，請寄回更換）
I S B N ／978-626-7539-26-2（平裝）
電子書 ISBN／9786267539248（PDF）
9786267539255（EPUB）